内容简介

　　《食品工艺学实验》主要讲授农产品收获后进行商品化加工的过程,围绕我国特色农产品资源开发,将最新的典型的科学研究内容引入其中,适合不同层次的实验教学需求,以加强学生科研或实践素质训练。教材内容分为基础实验、综合实验、研究性实验三部分,每一部分在前一部分的基础上,提高实验深度和综合程度,以充分调动学生主体能动性以及实践创新能力。本教材注意新技术的应用,其形式、内容、方法、手段与传统的实验教材相比发生了深刻的变化。

　　本教材适合作为高等院校食品相关专业的食品工艺学实验教材,同时也可供职业技术学校食品相关专业的学生、业余的食品学科爱好者以及食品生产企业的研发和生产人员学习。

扫码获取本书数字资源

实验一　果蔬干制

实验二　果酱的加工

实验三　茶饮料的加工

实验四　小包装调味榨菜的加工

实验八　戚风蛋糕的加工

实验七　奶油的加工

实验九　灯影牛肉的加工

实验十　柑橘罐头的加工

实验十一　香肠的加工

实验十二　鱼松的加工

实验十三　凝固型酸奶的制作

实验十四　冰激淋的制作

实验十五　干酪的制作

实验十六　巴氏杀菌乳的加工

实验十七　啤酒的制作

实验十八　苹果醋的制作

实验十九　醪糟的制作

实验一 热加工对水果质构的影响

实验二 混合果蔬汁的加工

实验三 微波膨化果蔬片的加工

实验四 膨化玉米片的加工

实验五　毛霉型豆豉的加工

实验六　低温压榨法生产花生油

实验七　川味香肠的加工

实验八　全蛋粉的加工

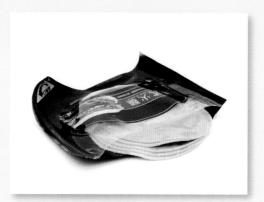

实验九 西式火腿的加工

实验十二 乳酸饮料的制作

实验十三 燕麦酸奶的制作

实验十四 发酵兔肉酱的加工

实验十五 发酵香肠制作工艺

实验十六 蓝莓红酒发酵工艺

实验十七 纳豆腐乳发酵工艺

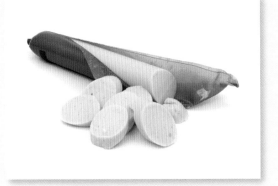

实验十八 鱼肉肠制作工艺

"新工科"建设
食品科学与工程系列教材

食品工艺学实验

主　审　曾凡坤（西南大学）

主　编　张　玉（西南大学）

副主编　黄　威（重庆文理学院）
　　　　骞　宇（重庆第二师范学院）

参　编　（按姓氏笔画为序）
　　　　王洪伟（西南大学）
　　　　宇　嘉（西南大学）
　　　　吴　剑（浙江省嘉兴市农业科学研究）
　　　　宋佳佳（西南大学）
　　　　张　丽（甘肃农业大学）
　　　　张美霞（重庆文理学院）
　　　　金亚美（江南大学）
　　　　黄业传（西南科技大学）

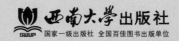

西南大学出版社
SWUP　国家一级出版社　全国百佳图书出版单位

图书在版编目（CIP）数据

食品工艺学实验 / 张玉主编. -- 重庆：西南师范
大学出版社，2021.4（2024年1月重印）

ISBN 978-7-5697-0767-0

Ⅰ.①食… Ⅱ.①张… Ⅲ.①食品工艺学 – 实验 – 高
等学校 – 教材 Ⅳ.①TS201.1-33

中国版本图书馆CIP数据核字（2021）第069419号

SHIPIN GONGYIXUE SHIYAN

食品工艺学实验

主　编：张　玉

副主编：黄　威　骞　宇

责任编辑：杨光明

责任校对：胡君梅

书籍设计：汤　立

排　　版：江礼群

出版发行：西南大学出版社（原西南师范大学出版社）

　　　　　地址：重庆市北碚区天生路2号

　　　　　网址：http://www.xdcbs.com

　　　　　邮编：400715　电话：023-68868624

印　　刷：重庆亘鑫印务有限公司

幅面尺寸：195 mm×255 mm

印　　张：11

插　　页：4

字　　数：251千字

版　　次：2021年4月　第1版

印　　次：2024年1月　第2次印刷

书　　号：ISBN 978-7-5697-0767-0

定　　价：36.00元

前言
PREFACE

　　"食品工艺学实验"是食品科学与工程、食品质量与安全、食品包装工程等专业的一门重要专业课,也是一门独立开设的重要实验课程。该课程对巩固和深入理解食品工艺学的理论知识,加强学生动手能力,培养学生的创新能力具有重要作用。本教材把食品分析实验、食品化学实验、食品工艺学实验进行整合,尽量避免课程间实验的重复,充分体现食品工艺学理论在食品加工中的应用。教材在实验内容设计上,较为全面地体现食品工艺学涉及的知识点,并且尽量采用最新的研究成果;在实验体系方面,设计了"基础实验—综合实验—研究型实验"递进式的实验体系。以上实验内容和实验体系可使学生由浅入深地较为系统地掌握食品工艺学实验方法验证、常见问题分析的原理方法,以及当今科学研究的热点,有利于学生综合能力和创新能力的培养,为学生今后从事行业工作或科学研究打下坚实的实验技术基础。

　　本书的编者大多是从事食品工艺学实验教学的教师,教学经验丰富,力求达到产学研相结合。本书可作为食品科学与工程、食品质量与安全和食品包装工程专业的专科生、本科生或研究生的实验教材,也可为食品领域工作的科研、生产和管理人员提供参考。

　　本书广泛参考引用了国内外作者的文献资料,在此,谨向相关作者表示诚挚的敬意和衷心的感谢。同时,西南师范大学出版社为本书的顺利出版给予了大力的支持和帮助,在此表示由衷的谢意。

　　鉴于编者水平有限,时间仓促,加上该教材体系初次建立,书中难免有错误和不妥之处,敬请各位专家和广大读者批评指正。随着学科实践检验技术的不断发展,其内容也需要不断修改、补充、完善。

编者

2021 年 3 月

目 录
CONTENTS

第三部分 研究性实验

第一部分 基础实验

实验一

果蔬干制

一、实验目的

1. 掌握果蔬干制的基本原理。
2. 熟悉果蔬干制工艺流程,掌握热风干制技术。

二、实验原理

脱水干燥,将果蔬中的水分减少到一定限度,水分活度也相应降低,使制品中可溶性物质的浓度提高,从而抑制微生物的生长。同时,由于水分含量和活度降低,蔬菜本身所含酶的活性也受到抑制,可以达到延长制品保质期的目的。

三、实验材料与设备

1. 实验原料

蒜片。

2. 实验设备

切片机、热风干燥箱和真空包装机。

四、实验内容

1. 原料的选择和预处理

采用的大蒜头要新鲜饱满、品质良好、蒜瓣较大、蒜肉细白、无瘦瘪、无霉烂变质、无老化脱水、无发芽、无病虫害及无机械伤等。

2. 工艺流程

原料验收→浸泡→切片→热烫→漂白→烘烤→分选→包装。

3. 操作要点

（1）浸泡

将经挑选后合格的大蒜头，放入清水池中浸泡1~2 h，以容易进行剥皮为宜。

（2）切片

将清洗干净的蒜放入切片机中，边切片边加入清水冲洗，切片的厚度为1.5~2.0 mm。要求刀刃锋利，切片厚薄均匀完整，厚薄一致，碎片、成片率要求达到90%以上。

（3）热烫

将切片后的蒜放入沸水中，30~120 s后，捞出备用。热烫时间根据原料特性确定，易煮透原料的时间短，不易煮透的时间适当延长。某些叶菜加热易变色，不需要热烫。

（4）漂白

将蒜片放入0.1%~0.2%的碳酸氢钠水溶液中，漂白处理15~20 min。

（5）烘烤

将蒜片均匀地摊放在盘内，然后放到预先设好的烘架上，保持室温60 ℃左右，同时要不断翻动，使其加快干燥；待蒜片烘至含水量为4.5%左右时，停止烘烤，取出蒜片。一般烘干时间为5~7 h。

（6）真空包装

干燥结束后自然冷却，当回软均湿后的含水量为6.0%以下时即可包装。

原料的选择直接影响最终产品的色泽和口感。

烫漂时，注意烫漂时间和温度的控制，时间太长、温度过高均会破坏成品的蒜香，时间太短、温度过低，则达不到烫漂效果。

4. 包装和贮藏

脱水果蔬由于产品水分活度较低,真空包装后可常温贮藏。

5. 微生物限量

菌落总数(CFU/g)≤1000,大肠菌群(MPN/100 mL)≤30,霉菌(CFU/g)≤50,致病菌不得检出。

6. 感官评定

感官评定标准

评定指标	评定标准	分数
色泽(权重35%)	蒜片洁白	100—70
	蒜片灰白或者浅黄色	70—35
	色泽较黄	35—0
形态(权重35%)	形态大小整齐一致	100—70
	形态大小不均匀	70—35
	形态大小不均匀,破碎较多	35—0
味道(权重30%)	蒜香浓郁,具有本品特有的气味	100—70
	蒜香一般,无异味	70—35
	蒜香较淡,无异味	35—0

五、思考题

1. 分析蒜片护色的原理。

2. 为什么要进行烫漂?

六、参考文献

[1] 王浩,张明,王兆升,等.干制技术对果蔬干制品品质的影响研究进展[J].中国果菜,2018,38(11):15-20.

[2] 雷湘兰,孙倩,王宇鸿.不同干燥方式对佛手瓜全粉品质的影响[J].现代食品,2016,8(15):82-85.

实验二

果酱的加工

一、实验目的

1. 了解果酱制作的基本原理。
2. 掌握果酱的一般生产工艺过程。

二、实验原理

果酱是利用果实中亲水性的果胶物质,在一定条件下与糖和酸结合,形成"果胶—糖—酸"凝胶。凝胶的强度与果胶物质的分子质量、含量、糖含量以及酸含量等相关。

三、实验材料与设备

1. 实验材料

草莓、白砂糖、柠檬酸、低甲氧基果胶、玻璃瓶。

2. 实验设备

打浆机、手持糖度计、pH计、天平、温度计、水果刀、恒温水浴锅、不锈钢锅、杀菌锅、封罐机、电磁炉。

四、实验内容

1. 原料的选择和预处理

选用成熟度适宜的新鲜草莓,剔除未成熟果、虫蛀果、干巴果、坏死果、霉烂等不合格果。

2. 配方

1 kg草莓中添加200 g白砂糖,3 g低甲氧基果胶,1.6 g $CaCl_2$。

3. 工艺流程

挑选草莓→浸泡→清洗、去蒂→软化→破碎打浆→混合→浓缩→装罐密封→杀菌→冷却→保温→成品。

4. 操作要点

(1)浸泡

将果实轻轻倒入流动自来水槽中浸泡 3~5 min,使果实上的泥沙软化。

(2)清洗、去蒂

将浸泡后的果实放入水槽内,用流动水冲泡、洗净,并去掉蒂和花萼。

(3)软化

将清洗后的原料在沸水中煮 4~5 min(料水比为 1:2),使果实软化,同时钝化酶,减少色素等物质氧化。

(4)破碎打浆

将经软化处理的草莓趁热用组织捣碎机打浆 1~2 次。

(5)混合、浓缩

将白砂糖按配方比例加入,在 60 ℃下边加热边搅拌,使之溶解于预煮液中,将糖浆与草莓浆混合均匀,然后加入 $CaCl_2$,用柠檬酸调 pH 至 3.5,加入低甲氧基果胶,最后进行浓缩。浓缩时温度控制在 70~80 ℃,时间为 20~25 min,浓缩至固形物含量为 35% 时为止。

(6)装罐密封、杀菌

灌装温度不得低于 85 ℃,并及时封罐,置于沸水中杀菌 20 min,取出后分段冷却。

5. 包装和贮藏

将冷却后的成品置于 4 ℃冰箱中,冷却凝固 40 min。

6. 安全指标

应符合罐头食品商业无菌要求,按 GB 4789.26-2013《食品安全国家标准 食品微生物学检验商业无菌检验》规定的方法检验,总砷(以 As 计)含量不高于 0.5 mg/kg,铅含量不高于 1.0 mg/kg。

果酱浓缩时一定要不断搅拌,否则易焦底,引起色泽和风味质量的下降。

浓缩时在果酱表面滴一些食用油,可在浓度越来越高时帮助内部蒸汽顺畅逸出,即防止所谓的"跑锅"。

7. 感官评定

感官评定标准

评定指标	评定标准	分数
色泽（权重25%）	色泽呈暗红色，颜色均匀一致	100—70
	色泽呈紫红色，颜色一致但不均匀	70—35
	色泽呈浅紫红色，颜色不均匀	35—0
滋味与口感（权重25%）	口感细致滑润，酸甜爽口，柔韧度好且能产生一种特殊的风味	100—70
	口感较细致滑润，偏酸或偏甜，柔韧度较好且能产生一种特殊的风味	70—35
	口感粗糙，柔韧度好且能产生一种特殊的风味	35—0
组织状态（权重25%）	浓稠状，无晶体和颗粒，凝胶性良好	100—70
	浓稠状，有微小颗粒，凝胶性较好	70—35
	浓稠状，有晶体和颗粒，凝胶性差	35—0
涂抹性（权重25%）	易于涂抹，涂层均匀光滑	100—70
	易于涂抹，涂层均匀但不光滑	70—35
	易于涂抹，涂层既不均匀也不光滑	35—0

五、思考题

1. 影响果胶凝胶强度的因素有哪些？如何防止果酱发生汁液分离？
2. 如何在浓缩工艺中获得更好的产品色泽？

六、参考文献

[1] 中华人民共和国国家质量监督检验检疫局，中国国家标准化管理委员会. 果酱：GB/T 22474—2008[S]. 北京：中国标准出版社，2008.

[2] 范洋，雷激. 低甲氧基果胶制备草莓低糖果酱的研究[J]. 农产品加工（学刊），2009(12)：73-77.

[3] 刘晓伟. 草莓果酱感官品质评价方法比较研究[J]. 食品研究与开发，2018,39(08)：20-23.

[4] 赵征. 食品工艺学实验技术[M]. 北京：化学工业出版社，2019.

[5] 钟瑞敏，瞿迪升，朱定和. 食品工艺学实验与生产实训指导[M]. 北京：中国纺织出版社，2015,208-211.

[6] 孙娜，朱秀娟，王华，等. 火龙果五叶草莓复合果酱加工工艺研究[J]. 中国调味品，2020,45(8)：105-109,127.

实验三

茶饮料的加工

一、实验目的

1. 了解茶饮料的生产工艺过程。
2. 掌握茶叶浸提技术的机理。
3. 学习如何通过工艺优化获得茶饮料的最佳品质。

二、实验原理

茶饮料是指以茶叶的水提取液或其浓缩液、茶粉为原料,经加工制成的饮料。一般分为茶饮料、茶浓缩液、调味茶饮料和复合茶饮料4类。

三、实验材料与设备

1. 实验原料

粗茶(绿茶、红茶、黑茶均可)、柠檬酸、白砂糖、蜂蜜等。

2. 实验设备

电热恒温水浴锅、精密电子天平、可见分光光度计、高压蒸汽灭菌锅、色差仪、pH 计、离心机。

四、实验内容

1. 原料的选择和预处理

选取品质较好、杂质较少的粗茶。

2. 配方

1 L 茶汤中加入 80 g 白砂糖,0.7 g 蜂蜜,0.3 g 柠檬酸。

3. 工艺流程

粗茶→粉碎→浸提→粗滤→调配→离心→灌装→杀菌→冷却→检查→成品。

4. 操作要点

（1）粉碎

为了提高浸提率，浸提前先将茶叶粉碎至40目。

（2）浸提

采用二次浸提合并的方法，茶水比为 1:75(g/mL)，浸提温度为 90 ℃，浸提时间为 25 min。

（3）粗滤

浸提后使用80目滤网滤去茶渣，得到茶汁提取液备用。

（4）茶饮料的调配

按照前述配方对粗茶饮料进行调配。

（5）混合液的离心

采用离心分离，转速为 4 000 r/min，时间为 20 min。

（6）灌装及杀菌

离心后取上清液采用玻璃瓶灌装，并沸水浴杀菌 10 min。

（7）冷却

杀菌后取出成品，将成品冷却至室温。

5. 安全指标

根据 GB 7101—2015《食品安全国家标准 饮料》规定执行。

6. 感官评定

感官评定标准

评定指标	评定标准	分数
色泽（权重35%）	色泽清亮，无杂质	100—70
	色泽清亮，有少量杂质	70—35
	色泽浑浊，有杂质	35—0
口感（权重30%）	口感柔和，具有浓郁的茶味，无苦味和涩味	100—70
	口感柔和，茶味较淡，无苦味和涩味	70—35
	有苦味和涩味	35—0
气味（权重35%）	茶味浓郁，无不良风味	100—70
	茶味浓郁，有不良风味	70—35
	茶味较淡	35—0

浸提时茶水比的确定：茶水比对茶汁色泽、水浸出物含量及浸提液品质均存在较大影响。

浸提时间的确定：浸提时间对茶汁色泽、水浸出物含量及浸提液品质等均存在一定影响。

五、思考题

1.不同茶叶浸提的条件不同,分析不同茶叶浸提时主要工艺的差异。

2.如何根据消费者喜好选取原料并获得最佳口感的茶饮料?

六、参考文献

[1] 郝丽玲,王周平,徐永,等.荷叶功能茶饮料的制备研究[J].安徽农业科学,2012,40 (27):13613-13615.

[2] 詹晓珠,杨长桃,陈上海,等.黑米饮料的研制[J].福建农业科技,2001(02):33-34.

实验四

小包装调味榨菜的加工

一、实验目的

1. 了解榨菜的生产工艺。
2. 掌握调味榨菜的加工方法。

二、实验原理

榨菜是以茎瘤芥的瘤茎(俗名青菜头)为原料,经过脱水、加盐腌制后,再经后熟而成的一种半干态并伴有轻微乳酸发酵的腌制蔬菜制品。榨菜以其特有的加工工艺以及鲜香嫩脆的口感和风味而广受欢迎,现在已经成为我国蔬菜加工行业的重要产品之一。本实验是以传统腌制加工方法完成的半成品榨菜盐坯为原料,制作便于携带并且耐贮藏的小包装形式榨菜。

三、实验材料

1. 实验材料

榨菜盐坯、白糖、味精、柠檬酸、辣椒粉、香料。

2. 实验设备

塑料包装袋、菜刀、砧板、真空包装机、离心机、天平、温度计、水果刀、恒温水浴锅、不锈钢锅、杀菌锅。

四、实验内容

1. 原料的选择和预处理

完成三腌的半成品榨菜盐坯,具有腌制成熟榨菜风味,无腐烂变质和异味。

2. 配方

1 kg腌制菜头中加入20 g白糖,4 g味精,1 g柠檬酸,2 g辣椒粉和1.5 g香料。

3. 工艺流程

榨菜盐坯→修筋→清洗→切丝→脱盐→脱水→拌料→称量装袋→真空包装→整形杀菌→冷却→小包装榨菜。

4. 操作要点

（1）修剪看筋

用剪刀修去老筋，去掉飞皮，以不损伤青皮和菜块肉质为合格。

（2）清洗

开水冷却至常温后用于清洗榨菜，用水比例为1∶1.5。

（3）切丝

将榨菜坯切成15 mm×15 mm×3 mm 的片状。

（4）脱盐

在料水比为1∶4（g/mL），温度为30 ℃的条件下脱盐10 min。

（5）脱水

采用离心机脱水，使菜丝含水量不超过86%。

（6）拌料

称取脱盐脱水后的榨菜丝，按产品配方添加混合辅料，搅拌均匀，无辅料成堆和菜丝成团现象为宜。

（7）杀菌冷却

采用95 ℃水浴（10~15 min）对产品进行杀菌，冷却到室温保存。

5. 包装和贮藏

使用PET/PE复合膜真空包装，室温贮藏。

6. 安全指标

应符合GB 2714—2015《食品安全国家标准 酱腌菜》的规定。

7. 感官评定

感官评定标准

评定指标	评定标准	分数
色泽（权重25%）	色泽正常，无异常色变	100—70
	色泽稍微有不均匀情况	70—35
	色泽严重偏深或深浅不均匀	35—0
滋味（权重25%）	具有风干脱水榨菜特有的鲜香味及其辅料固有的滋味，无异味	100—70
	榨菜鲜香味较淡	70—35
	无榨菜鲜香味或有异味	35—0

续表

评定指标	评定标准	分数
质地(权重25%)	具有风干脱水榨菜特有的嫩、脆	100—70
	嫩度和脆性一般	70—35
	质地偏硬或偏软	35—0
形态(权重25%)	菜形可呈丝状、片状、颗粒状	100—70
	菜形整体均匀,少量过大或过小	70—35
	大小特别不均匀或严重偏大或偏小	35—0

五、思考题

1.榨菜的苦味在调味中如何掩蔽?

2.低盐榨菜有哪些工艺特点?

六、参考文献

[1] 中华全国供销合作社.方便榨菜:GH/T 1012—2007[S].北京:中华全国供销合作总社,2007.

[2] 李阿敏.低盐方便榨菜工艺优化及其品质变化研究[D].重庆:西南大学,2016.

[3] 姚成强.低盐无防腐剂小包装榨菜的加工工艺[J].安徽农业科学,2008,36(19):8293-8294.

[4] 赵丹,田俊青,程亚娇,等.榨菜脱盐工艺优化及品质分析[J].食品与发酵工业,2017,43(5):167-172.

实验五

无铝油条的加工

一、实验目的

1. 了解无铝油条加工原理。
2. 掌握无铝油条加工工艺。

二、实验原理

油条是以面粉为主要原料,加适量的水、食盐、添加剂,经拌合、捣、揣、醒发、油炸制成的长条形中空油炸食品,口感松脆有韧劲,是中国传统的早点之一。油条主要的营养成分有脂肪,碳水化合物,部分蛋白质,少量维生素及钙、磷、钾等矿物质,是高热量、高油脂食品。传统油条在加工中会添加明矾,在遇碱之后产生大量CO_2,使油条发泡、蓬松。明矾的一种主要成分是铝,铝过量摄入会对人体造成一定的危害。本实验是加工制作无铝油条,无铝油条是指在制作油条的时候,不用明矾和碱,采用其他膨松剂。

三、实验材料与设备

1. 实验材料

高筋面粉、无铝膨松剂、精盐、鸡蛋、色拉油等。

2. 实验设备

专用炸锅、盆(最好为不锈钢材料)、漏勺、电子秤、竹筷(长)、纱布。

四、实验内容

1. 原料的选择和预处理

高筋面粉过筛备用,其他材料按照配方用量分别准备。

2. 配方

1500 g高筋面粉加入15 g无铝膨松剂,7.5 g食粉,30 g精盐,4个鸡蛋,2500 g色拉油。

3. 工艺流程

和面→调制面团→切条→油炸→冷却→包装→成品。

4. 操作要点

（1）和面

面粉过筛后加入膨松剂拌匀。将清水（约1000 g）倒入不锈钢盆中，放入鸡蛋、精盐、食粉和50 g色拉油，用手动搅拌器进行搅拌，至水浑浊略有小泡时，再加入拌有膨松剂的面粉搅拌，确保其足够均匀，拌制成雪花状态。这时，用手反复揣捣，使面团表面足够光滑和柔软。

（2）调制面团

双手沾上少许色拉油，将面团从和面机中挖出，放在抹有色拉油的面案上，擀成长方形的面块，接着用拳头在面块上擂制，待面片变大时，再折叠成2~3层进行擂制，依法反复3次，将制好的面块叠整齐后放入不锈钢盘中，盖上湿毛巾静置约30 min，待用。

（3）切条

将面案的另一端撒上面粉，从不锈钢盘中用面刀取一小块面块放在面案上，用双手配合拉长后，再用擀面杖擀成约8 cm宽、1 cm厚的长条坯皮，再切成2.5 cm宽的坯条。

（4）制坯

取一条坯条，在非刀口面用小毛刷刷少许水，再取一条坯条重叠在其上面（刀口面均在两侧），然后在坯条的中部用细木棍按压一下，使两个坯条粘贴在一起，将制好的坯条摆放在面案上备用。

（5）油炸

锅中加入色拉油烧至六七成热（约180 ℃），双手托住坯条，轻轻拉长，边拉边放入油锅中（先将坯条中部放在油中，再将两端放入），油炸的同时用筷子翻动，炸至条形笔挺饱满、色泽金黄即可出锅沥油，冷却后包装。

5. 包装和贮藏

纸质包装袋包装，常温贮藏。

和面时先将食用小苏打、精盐、鸡蛋、色拉油和水充分搅拌混匀后，再加入面粉，否则会出现松脆不一、口味不均的现象；和面时需按由低速到中速的顺序搅拌，这样才有利于面筋的形成。

揉制面团时，重叠次数不宜过多，以免筋力太强，用力不宜过猛，以免面筋断裂。另在叠制面块的过程中，如有气泡产生，应用牙签挑掉，不然炸出的油条外形不光滑。

切好的条坯，应刷少许水再重叠撒压，避免炸的过程中条坯粘接不牢而裂开，用手拉扯油条生坯时，用力要轻，用力过大会使条坯裂口或断筋。

6. 微生物限量

菌落总数(CFU/g)≤1000,大肠菌群(MPN/100 mL)≤10,霉菌(CFU/g)≤150。

7. 感官评定

感官评定标准

评定指标	评定标准	分数
色泽(权重25%)	金黄色、深黄色	100—70
	黄白色	70—35
	色泽白色或发灰发暗	35—0
口感(权重25%)	酥脆爽口,咬力适中;咀嚼时爽口,不黏牙;表皮干爽,咬时无油流出;口感细腻,外酥脆内细软,咸香适口	100—70
	较费力或一般;较爽口;表皮油滑,咬时基本无油流出;口感较粗糙,表皮绵软不酥脆,咸味较浓或无咸味	70—35
	咬劲差或不易咀嚼;不爽口;表皮含油多,咬时有油流出;口感粗糙,表皮硬脆,死板,有异味	35—0
油条的内部结构(权重25%)	气孔多而细密,孔壁薄	100—70
	内部气孔较少且大小不均匀,或孔大壁厚	70—35
	内部气孔少,孔壁厚,结构坚实死板	35—0
味道(权重25%)	有油炸香味和麦香味,无异味	100—70
	无油炸香味,面香味弱,基本无异味	70—35
	无香味,有异味	35—0

五、思考题

简述膨松剂的种类及其在油条加工中的作用。

六、参考文献

[1] 张令文,王雪菲,李莎莎,等.非发酵型速冻油条配方的响应面优化[J].食品工业科技, 2019,40(07):190-198.

[2] 陈咏梅.油条制作的工艺分析[J].现代食品,2016(24):126-128.

[3] 中华人民共和国国家卫生和计划生育委员会.食品安全国家标准 糕点、面包:GB 7099—2015[S].北京:中国标准出版社,2015.

实验六

马铃薯面包的制作

一、实验目的

1. 掌握一次发酵法面包生产工艺。

2. 熟悉各种原材料的性质及其在马铃薯面包制作中的作用。

二、实验原理

面包是指以小麦面粉为主要原料,以酵母、鸡蛋、油脂等为辅料,经过调粉、发酵、成型、烘烤、冷却等过程加工而成的焙烤食品。马铃薯粉是将新鲜马铃薯晾晒脱水,再经过粉碎而制成的马铃薯全粉。马铃薯粉是一种以淀粉为主要成分的食品原料,其淀粉颗粒大,含有天然磷酸基团,吸水、吸油性能良好。马铃薯中的蛋白质为全价蛋白,其营养价值与鸡蛋蛋白相近,包含人体必需的8种氨基酸,可利用率高达71%,且富含赖氨酸和色氨酸。本实验以马铃薯粉和小麦粉为主要原料制作马铃薯面包,集马铃薯特有风味与纯正麦香风味为一体,鲜美可口,软硬适中,营养丰富,有助于实现马铃薯主粮化。

三、实验材料

1. 实验材料

高筋小麦粉、马铃薯粉、酵母、水、绵白糖、奶粉、面粉改良剂、盐、鸡蛋和黄油。

2. 实验设备

电子秤、立式搅拌机、醒发箱、远红外线烤箱。

四、实验内容

1. 配方

称取100 g高筋小麦粉,向其中加入25 g马铃薯粉,2.75 g酵母,75 g水,14.06 g绵白糖,5 g奶粉,2.5 g盐,12.5 g鸡蛋和7.5 g黄油。

2. 工艺流程

原料混合→面团调制→分块→整型→醒发→焙烤→冷却→成品。

3. 操作要点

（1）原料混合

根据配方将马铃薯粉、小麦粉、酵母、糖、奶粉、改良剂混合加入立式搅拌机中搅拌均匀。

（2）面团调制

在混合粉中加入水、鸡蛋，搅到面团光滑，再加入盐、黄油，直至面团揉出筋膜。

（3）成型

将和好的面团制成 50 g 一个的面坯，用手揉成型至表面光滑。

分块时间应控制在 20 min 内。

（4）醒发

将揉好的面团置于温度为 35 ℃，相对湿度为 70% 的醒发箱中醒发 40 min。

（5）焙烤

将醒发好的面团放进烤箱烤制，上火 170 ℃，下火 160 ℃，烤制 10 min。

4. 包装和贮藏

冷却后的面包常用纸袋或塑料袋进行包装，室温下贮藏。

5. 微生物限量

细菌总数、大肠菌群符合国家标准，致病菌不得检出。

6. 感官评定

感官评定标准

评定指标	评定标准	分数
形态（权重20%）	表面光滑、无白粉和斑点，无裂痕，形态对称	100—75
	表面有些粗糙，沾有少量的白粉，稍有变形	75—50
	表面有裂痕，沾有白粉，形态不对称	50—25
	表面粗糙，严重变形，有较多白粉	25—0
色泽（权重10%）	金黄色带马铃薯色，带有光泽，无焦煳	100—70
	浅棕色，颜色稍淡，色泽暗淡	70—40
	焦黄色，颜色发暗，呈焦黑色	40—0

续表

评定指标	评定标准	分数
气味(权重10%)	具有马铃薯香味,无异味	100—70
	香味较淡,无异味	70—40
	无面包的香味,有异味	40—0
口感(权重30%)	有面包的焦香味,甜咸味适中,含有淡淡的酵母味	100—80
	焦香味较淡,酵母味较浓,无霉味	80—60
	过甜或有苦味	60—40
	无焦香味,口味不够纯正	40—20
	有异常的滋味	20—0
组织状态(权重30%)	柔软有弹性,面包的气孔细密,表面平滑	100—80
	稍硬,较有弹性,气孔较细密均匀	80—60
	较有弹性,气孔疏松,不均匀	60—40
	质地较硬,弹性弱,组织粗糙	40—20
	质地硬,无弹性,组织粗糙,有裂痕	20—0

五、思考题

马铃薯粉的添加会对面包的质构和感官品质产生什么影响?

六、参考文献

[1] 孙莹,江连洲,王丽,等.基于回归分析的马铃薯全粉面包配方优选[J].哈尔滨商业大学学报(自然科学版),2018,34(2):216-220.

[2] 李茹.马铃薯全粉性质及其(挂面,面包)应用研究[D].广州:华南理工大学,2017.

[3] 赵晶,郝金伟,时东杰,等.马铃薯全粉面包加工工艺的研究[J].中国食品添加剂,2019,30(1):126-134.

实验七

奶油的加工

一、实验目的

1. 掌握稀奶油的制作方法。
2. 了解离心分离机的工作原理。

二、实验原理

奶油是牛乳的脂肪部分,它是将脂肪从牛乳中分离出来后而得到的一种水包油乳状液(O/W)。碟式离心机能借助机械离心力将乳脂从牛奶中分离出来,其原理为:在机械离心力作用下,脱脂乳被甩向分离钵四周,沿钵盖内壁向上运动,从脱脂乳排出孔排出;而乳脂或奶油则沿分离片表面逐渐上浮至中央管道外壁,从乳脂排出孔排出。

三、实验材料和设备

1. 实验材料

新鲜牛乳。

2. 实验设备

碟式离心机分离机、电炉、冰箱、纱布、台秤。

四、实验内容

1. 原料的选择和预处理

将新鲜牛乳用双层纱布过滤,以防止固体不溶性物质混入分离机造成堵塞。

2. 工艺流程

原料乳→过滤→预热→分离→标准化→冷却→杀菌→冷却→均质→成熟→冷却→包装。

3. 操作要点

(1)分离

分离机启动后,当分离钵达到规定转速后方可将经预热的牛乳送入分离机。

（2）标准化

消毒乳的含脂率为3.0%,不符合者进行标准化处理。

（3）冷却

奶油不能立即进行加工时,必须立即冷却,即边分离边冷却。也可采用二段法:先冷至10 ℃左右,然后再冷却至所需温度。

（4）杀菌

使用保持式杀菌法,升温速度控制在每分钟升2.5~3.0 ℃。杀菌温度有72 ℃,15 min;77 ℃,5 min;82~85 ℃,30 s;116 ℃,3~5 s。

（5）冷却、均质

灭菌后,冷却至5 ℃。再均质一次,均质可以提高黏度,保持口感良好,改善稀奶油的热稳定性。均质温度为45~60 ℃(根据奶油质量而定)。

（6）物理成熟

均质后的奶油应迅速冷却至2~5 ℃,然后在此温度下保持12~24 h,让脂肪由液态变为固态。

4. 安全指标

按GB 19646—2010《食品安全国家标准 稀奶油、奶油和无水奶油》规定的方法检测。

5. 包装和贮藏

将物理成熟后的稀奶油冷却至2~5 ℃后进行包装,在5 ℃下放置24 h后即可出厂。包装规格有15 mL,50 mL,125 mL,250 mL,500 mL,1000 mL等。稀奶油的保存期限较短,应尽早食用。

6. 感官评定

感官评定标准

评定指标	评定标准	分数
滋味及气味(权重40%)	具有新鲜、微甜、浓郁的纯乳香味	40—31
	新鲜、微甜,乳香味较差	30—21
	微甜,乳香味平淡,有轻度饲料味、畜含味和过度蒸煮味	20—0
组织状态(权重40%)	组织状态均匀细腻,无脂肪聚粒,稠度适中	40—31
	组织状态基本均匀细腻,有个别脂肪聚粒	30—21
	组织状态不均匀,含有少量脂肪聚粒	20—0

续表

评定指标	评定标准	分数
色泽（权重20%）	乳白色或呈乳黄色,有光泽	20—10
	乳白色或呈乳黄色,光泽略差	10—5
	色泽不够均匀,无光泽	5—0

五、思考题

影响奶油分离的主要因素有哪些?

六、参考文献

周光宏.畜产食品加工学[M].北京:中国农业大学出版社,2002.

实验八

戚风蛋糕的加工

一、实验目的

1. 了解戚风蛋糕的制作原理及方法。
2. 掌握戚风蛋糕的制作工艺。

二、实验原理

戚风蛋糕是由英文 Chiffon Cake 一词翻译而来,它是以鸡蛋、面粉、白糖、色拉油为主要原料制作而成的一类西式糕点的统称,具有香软蓬松的特点,常用于制作蛋糕卷、蛋糕杯、生日蛋糕或慕斯蛋糕坯料等,可搭配多种馅料使用,是生活中食用最为广泛的一类蛋糕。戚风蛋糕的制法与分蛋搅拌式海绵蛋糕相类似(所谓分蛋搅拌,是指蛋白和蛋黄分开搅打好后,再予以混合的方法),即在制作分蛋搅拌式海绵蛋糕的基础上,调整原料比例,并且在搅拌蛋黄和蛋白时,分别加入泡打粉和塔塔粉。

三、实验材料与设备

1. 实验材料

低筋面粉、色拉油、细砂糖、鸡蛋、塔塔粉、纯净水、泡打粉。

2. 实验设备

不锈钢容器、打蛋机、小铁皮模、刷子、烤盘、硅胶刮刀、烤箱等。

四、实验内容

1. 原料的选择和预处理

戚风蛋糕应具有组织松软、富有韧性的特点,制作过程中应该选择专用的蛋糕粉或蛋白质含量不超过7%的低筋面粉,采用筋度太高的面粉烘烤的成品达不到蛋糕蓬松的效果,由于低筋面粉杂质含量较多,使用之前应先筛,筛除多余的杂质。色拉油可以选择无味的菜籽油或花生调和油,不宜用有浓香型的食用花生油和豆油,否则会使浓烈的油香味影响蛋糕本身的清香味。

2. 配方

蛋黄糊:150 g蛋黄中加入150 g蛋糕粉,4.5 g泡打粉,60 g糖粉,66 g水,75 g色拉油,1.5 g盐。

蛋白糊:300 g蛋白中加入150 g糖粉,2.25 g塔塔粉。

3. 工艺流程

原辅材料预处理→蛋黄糊制作→蛋白霜制作→蛋糕糊制作→注模、烘烤→冷却、成品。

4. 操作要点

(1)蛋黄糊制作

将面糊部分的蛋糕粉和发粉一起过筛,加入糖粉、盐一起拌匀;将蛋黄搅拌均匀,再加入色拉油混合均匀后,依次加入水和混好的粉料拌匀,用打蛋器搅拌至均匀细滑,静置备用;

(2)蛋白霜制作

将蛋白部分的蛋白、塔塔粉加入无水无油的搅拌缸中,用中速搅拌2 min至湿性起泡;高速搅拌至蛋白干性起泡,搅拌的过程中分3次加入糖粉,直到搅拌至干性起发,取出后细腻光滑,用手粘上提起呈硬鸡尾状。

(3)蛋糕糊制作

取1/3的蛋白糊加入蛋黄糊中拌匀,再倒回剩余的蛋白糊中,用硅胶刮刀拌至均匀细滑。

(4)注模、烘烤

装入模具(蛋糕模或托盘,托盘需铺上油纸),放入烤炉中烘烤30 min,至蛋糕表面金黄时取出(烤炉需提前预热,上火180 ℃,下火150 ℃)。

5. 包装和贮藏

密封包装,常温或0~4 ℃冷藏。

6. 微生物限量

菌落总数(CFU/g)≤1000,大肠菌群(MPN/100 mL)≤10,霉菌(CFU/g)≤150。

面糊部分材料应注意投料顺序,先将蛋黄搅拌均匀,再加入色拉油混合均匀后,依次加入水和其他粉料拌匀。如果蛋黄和油脂没充分搅拌均匀就加入面粉,加入面粉在油脂中容易被油膜包裹,导致结块,在烘烤中重大成分下沉形成底部布丁块,蛋糕蓬松不起来。

戚风蛋糕烘烤的温度一般控制在190 ℃以下,底火要比上火低,底火太强,会导致底部上缩,反扣后中间形成大窟窿。小型蛋糕需要较高温度,烘烤时间较短;大型蛋糕需要150~160 ℃的较低温度,时间应适当延长。蛋糕烘烤过程避免打开炉门,因为温度的降低会使蛋糕未定型的蛋糕迅速收缩,判断蛋糕是否成熟,可以在烘烤完成后用牙签插入蛋糕中,取出用手摸下牙签插入蛋糕部分,牙签干燥则证明蛋糕烘烤成熟。

7. 感官评定

感官评定标准

评定指标	评定标准	分数
形态(权重25%)	外形饱满完整、厚薄均匀、无沾边、无破碎,泵顶、底面平整、无糊状物	100—70
	外形较完整、厚薄有点不均匀、无沾边、有轻微破碎,泵顶、底面较平整、无糊状物	70—35
	外形不饱满完整、厚薄不均匀、有沾边、有严重破碎,泵顶、底面不平整、有糊状物	35—0
色泽(权重25%)	表面有光泽,顶部色泽均一,呈微黄色,底部呈棕红色、无焦糊、心部金黄	100—70
	表面光泽度稍差,顶部色泽较均一,呈暗黄色,底部呈棕红色、无焦糊、心部微黄	70—35
	表面无光泽,顶部色泽不均,呈棕褐色,底部烧焦、有焦煳	35—0
组织(权重25%)	厚薄均匀、切面呈均匀细密的蜂窝状结构、无硬块、无空洞;均匀而富有弹性,不板硬,口感柔和,用手指按下能迅速恢复	100—70
	厚薄较均匀、切面呈蜂窝状结构、稍有硬块、有少许空洞;均匀,有弹性,口感有点硬,用手指按下缓慢恢复	70—35
	厚薄不均匀、切面不呈蜂窝状结构、有硬块、空洞;未发起、没有弹性,板硬,口感差,用手指按下不能恢复	35—0
滋味气味(权重25%)	蛋香味纯正、无腥味、香甜可口不粘牙,具魔芋独有的香味和特色、无焦煳味	100—70
	有蛋香味、无腥味、较香甜可口、但粘牙,魔芋独有的香味和特色不是很明显、无焦煳味	70—35
	无蛋香味、有腥味、粘牙,无魔芋独有的香味和特色、有焦糊味	35—0

五、思考题

1. 影响戚风蛋糕品质的工艺因素有哪些?

2. 举例说明戚风蛋糕和其他类型蛋糕在工艺上的主要差异(举一个例子进行对比即可)。

六、参考文献

[1] 杨锦冰.戚风蛋糕制作工艺及影响因素分析[J].价值工程,2017,36(20):169-170.

[2] 中华人民共和国国家卫生和计划生育委员会.食品安全国家标准 糕点、面包:GB 7099—2015[S].北京:中国标准出版社,2015.

[3] 中华人民共和国国家质量监督检验检疫总局,中国标准化管理委员会.粮油检验 小麦粉蛋糕烘焙品质试验 海绵蛋糕法:GB/T 24303—2009 [S].北京:中国标准出版社,2009.

[4] 杨利玲,杜磊,刘王芬,等.魔芋戚风蛋糕的工艺研究[J].食品研究与开发,2017(4):101-104.

实验九

灯影牛肉的加工

一、实验目的

1. 掌握灯影牛肉的加工工艺。
2. 了解灯影牛肉的生产技术要点。

二、实验原理

灯影牛肉是四川达川的传统名食,是将牛后腿的腱子肉切片后,经腌、晾、烘、蒸、炸、炒等工序制作而成,牛肉片薄如纸,色亮红,味麻辣,细嚼之,回味无穷。

三、实验材料和设备

1. 实验材料

牛腱子肉、白糖、花椒粉、辣椒粉、料酒、精盐、五香粉、味精、姜、芝麻油、菜油等。

2. 实验设备

电子天平、菜刀、菜板、烘炉、钢丝架、铁锅、蒸锅等。

四、实验内容

1. 原料的选择和预处理

选黄牛后腿部腱子肉(肉色深红,纤维较长,脂肪筋膜较少,有光泽,富有弹性,外表微干,不粘手),不沾生水,除去筋膜,修节整齐,片成极薄的大张肉片。

2. 配方

500 g黄牛肉中加入25 g白糖,15 g花椒粉,25 g辣椒粉,100 g绍酒,10 g精盐,适量五香粉,1 g味精,15 g姜,10 g芝麻油,150 g熟菜油。

3. 工艺流程

原料肉的选取→修整→腌制→蒸肉→油炸→拌料→真空密封→成品。

4. 操作要点

（1）在 牛肉片 上均匀地抹上炒干水分的盐，裹成圆筒形，晾至牛肉呈鲜红色（夏天约 14 h，冬天 3~4 d）。

（2）将晾干的牛肉片放在烘炉内，平铺在钢丝架上，用炭火烘约 15 min，烘至牛肉片干结。然后上笼蒸约 30 min 取出，切成小片，再上笼蒸约 1.5 h 取出。

（3）热锅下油烧至七成热，加入姜片炒至出现香味、捞出，待油温降至三成热时，将锅移置小火灶上，放入牛肉片慢慢炸透。然后弃去约三分之一的油，加入绍酒，再加辣椒粉、花椒粉、白糖、味精和五香粉，翻炒均匀，起锅晾凉，淋上芝麻油即可。

切片前可用保鲜膜包裹放入冰箱冷冻，取出后再进行切片，这样更容易切成薄片。

5. 微生物限量

菌落总数（CFU/g）≤10000，大肠菌群（MPN/100 mL）≤100 ，致病菌不得检出。

6. 感官评定

感官评定标准

评定指标	评定标准	分数
外观（权重25%）	大小均匀，无明显杂质	100—70
	大小较不均匀，有少许焦黑点	70—35
	有焦黑点，有杂质	35—0
色泽（权重25%）	颜色均匀，油润红亮，有光泽和透明感	100—70
	颜色较均匀，油润红亮，有光泽，透明感差	70—35
	颜色呈暗红或焦黑，无光泽，不透明	35—0
气味（权重25%）	香味纯正浓郁，具有该产品特有的风味，无异味	100—70
	香味比较浓郁，具有该产品特有的风味	70—35
	香味一般，不具有该产品特有的风味，有异味	35—0
口感（权重25%）	香辣鲜脆，咸淡适中	100—70
	较酥脆，咸淡较适中	70—35
	滋味一般，过咸或过淡	35—0

五、思考题

灯影牛肉加工过程中油炸的目的是什么?

六、参考文献

[1] 唐克前.灯影牛肉加工技术[J].农村新技术,2010(04):34.

[2] 周大伟.灯影牛肉干的加工方法[J].吉林畜牧兽医,1998(12):31.

[3] 中华人民共和国卫生部,中国国家标准化管理委员会,国家卫生和计划生育委员会.食品安全国家标准 食品微生物学检验 菌落总数测定:GB 4789.2—2016[S].北京:中国标准出版社,2016.

[4] 中华人民共和国卫生部,中国国家标准化管理委员会.食品卫生微生物学检验 大肠菌群测定:GB/T 4789.3—2003[S].北京:中国标准出版社,2003.

[5] 中华人民共和国国家卫生和计划生育委员会.食品安全国家标准 食品中致病菌限量:GB 29921—2013[S].北京:中国标准出版社,2013.

[6] 黄湛,刘平,车振明,等.棕榈油在灯影牛肉丝中的应用研究[J].中国酿造,2015,34(02):38-42.

实验十

柑橘罐头的加工

一、实验目的

1.熟识和掌握罐头制作的一般工艺流程及工艺参数。

2.了解不同类别食品罐头的加工技术。

二、实验原理

罐头是把食品原料经过前处理后,装入气密性容器中,以隔绝外界空气和微生物,再通过加热杀菌,使内容物达到商业无菌状态,并维持密封状态,阻止微生物继续污染,从而使产品可以在室温下长期贮藏。

三、实验材料

1. 实验原料

柑橘、白砂糖、柠檬酸、维生素C、盐酸、氢氧化钠。

2. 实验设备

折光计、灌装生产线、空罐(四旋玻璃罐)、夹层锅(或者不锈钢锅)等。

四、实验内容

1. 原料的选择和预处理

选用肉质致密、色泽鲜艳美观、香味良好、糖酸比适度的果实。果实呈扁圆形、果皮薄、大小一致、无损伤果,适于加工的品种有温州蜜柑、本地红橘等。

2. 工艺流程

原料验收→选果分组→清洗→热烫去皮→去络、分瓣→去囊衣(酸碱处理)→漂洗、整理→装罐→真空封罐→杀菌→冷却→擦罐→包装、入库。

3. 操作要点

（1）热烫去皮

柑橘经剔选后在生产罐头前需进行清洗后剥皮,有热剥和冷剥。热剥是把橘子放在90 ℃的热水中烫2~3 min,烫至易剥皮但果心不热为宜。不热烫者为冷剥,一般这种方法多采用于出口厂家,剥皮稍费工夫。

（2）去络、分瓣

去皮后即进行分瓣,分瓣要求手轻,以免囊因受挤压而破裂,因此要特别注意,可用小刀帮助分瓣,以瓣要干爽,橘络去净为宜。瓣的大小在分瓣时应分开以便于处理,一般按大、中、小三级分。烂瓣另作处理。

（3）去囊衣

可分为全去囊衣及半去囊衣两种。

①全去囊衣:将橘瓣先行浸酸处理,瓣与水之比为1:1.5（或1:2）,用0.4%左右的盐酸溶液处理橘瓣,一般为30 min左右,具体视用酸的浓度及橘瓣的囊衣厚薄、柑橘的品种等来定浸泡时间,水温要求在20 ℃以上,随温度上升其作用加速,但要注意温度不宜过高,20~25 ℃为宜,当浸泡到囊衣发软并呈疏松状,水呈乳浊状即可沥干橘瓣,放入流动清水中漂洗至不浑浊为止,然后进行碱液处理,使用浓度为0.4%NaOH溶液,水温在20~24 ℃浸泡2~5 min,具体视囊衣厚薄而定（以大部分囊衣易脱落,橘肉不起毛、不松散、软烂为准）。处理结束后立即用清水清洗碱液。漂洗:橘瓣可在流动水中清洗,或清洗至瓣不滑为止。摄络去核:手要特别轻,防止断瓣。

②半去囊衣:与全去囊衣不同之处,是把囊衣去掉一部分,剩下薄薄一层囊衣包在汁囊的外围,使用盐酸的浓度为0.2%~0.4%,氢氧化钠用0.03%~0.06%,水温高,酸和碱的作用加快（20~25 ℃）。酸处理30 min左右,再碱处理3~6 min,具体时间视囊衣情况而定,以橘瓣背部囊衣变薄、透明、口尝无粗硬感为宜。去心、去核:要求用弯剪把橘瓣中心白色部分作两剪剪除,在剪口处剔除橘核。

（4）装罐

橘瓣清洗好后,剔除烂瓣,整瓣与碎瓣分别装罐,装罐量为该罐的55%~60%。

（5）糖水调配

将砂糖盛入夹层锅中,加适量水融化（糖水比大致为2:1）,并加入适量搅散的蛋白(25 kg糖约用1个鸡蛋,将蛋白搅散成泡沫状,蛋黄不得混合)加热煮沸,不断打捞泡沫杂质,使糖液清澈为止,检查浓度,加煮沸过的清水调整糖液至要求的浓度。

要求糖液浓度的计算:

$$Y=(W_3Z-W_1X)/W_2$$

Y——要求糖液浓度(%,以折光计);

W_1——每罐装入果肉量(g);

W_2——每罐加入糖液量(g);

W_3——每罐总重量(g);

X——装罐时果肉可溶性固形物含量(%,以折光计);

Z——要求开罐时的糖液浓度(%,以折光计)。

加水调整计算:

$$W=[(a-b)/(b-c)]\times W'$$

W——加水量(重量计);

a——浓糖液的浓度(折光计);

b——要求配制的糖液浓度(折光计);

c——空白(纯水)的浓度(折光计);

W'——浓糖液重量;

要求糖液浓度按下表配制(按开罐时糖水浓度为16%计)。

果肉原有的可溶性固性物含量/%	7.0~7.9	8.0~9.9	9.0~9.5	10~10.9
要求配制糖水的浓度/%	35.0	33.5	31.0	29.0

按调整浓度正确的糖水量,加入0.1%~0.3%柠檬酸溶液(根据果肉原有含酸量而定,若果肉含酸量在0.9%以上,则不加柠檬酸;含酸量在0.8%左右,则加柠檬酸0.1%,含酸量0.7%,则加0.3%柠檬酸)。

(6)排气

用热力排气,罐中心温度要求65~70 ℃。

(7)杀菌、冷却

杀菌公式:525 g玻罐5'—15'/100 ℃

450 g铁罐5'—12'/100 ℃

312 g铁罐5'—11'/98 ℃

杀菌条件可根据包装容器大小以及包装形式进行调整。

5. 包装和贮藏

密封后的罐头常温下可长期保存。

6. 安全标准

产品卫生符合 GB 7098—2015《食品安全国家标准 罐头食品》和 GB 2762—2017《食品安全国家标准 食品中污染物限量》规定。

7. 感官评定

感官评定标准

评定指标	评定标准	分数
色泽(权重35%)	柑橘片呈橙色或橙黄色,色泽较一致,具有与原果肉近似之光泽,汤汁澄清,果肉及囊衣、碎屑等悬浮物甚少	100—70
	柑橘片呈橙色或橙黄色,汤汁较澄清,果肉及囊衣、碎屑等悬浮物较少	70—35
	柑橘片呈橙色或橙黄色,汤汁尚澄清,允许有少量果肉及囊衣碎屑	35—0
滋味气味(权重30%)	应具有产品应有的滋味和气味,酸甜适口,无异味	100—70
	应具有产品应有的滋味和气味,酸甜较适口,允许有轻微苦味	70—35
	尚具有产品应有的滋味和气味,酸甜尚适口,允许有苦涩味或蒸煮味	35—0
组织形态(权重35%)	全去囊衣:橘片囊衣去净,无橘络。质嫩,食之有脆感。橘片饱满完整,形态近似半圆形,大小厚薄较均匀。碎片:橘片囊衣去尽,组织软硬适度,每片完整度应大于整片面积的1/3	100—70
	全去囊衣:允许个别橘片有少量残留囊衣、橘络。橘片基本完整,形态近似半圆形,或长半圆形,大小厚薄较均匀。碎片:橘片囊衣去尽,组织软硬适度,每片完整度应大于整片面积的1/3	70—35
	全去囊衣:允许个别橘片有些许残留囊衣、橘络。橘片基本完整,形态近似半圆形,或长半圆形,大小厚薄尚均匀。碎片:橘片囊衣去尽,组织软硬适度,每片完整度应大于整片面积的1/3	35—0

五、思考题

1. 为什么橘瓣有时会浮在罐头容器的上部?
2. 柑橘罐头为什么要进行排气处理?

六、参考文献

[1] 方修贵,黄洪舸,曹雪丹,等.柑橘加工常用技术(2)——柑橘罐头概况和加工工艺[J].浙江柑橘,2018,35(02):37-42.

[2] 方修贵,黄洪舸,曹雪丹,等.柑橘加工常用技术(3)——柑橘软罐头和加工质量把控[J].浙江柑橘,2018,35(03):35-40.

实验十一

香肠的加工

一、实验目的

1. 了解香肠制品的生产工艺过程。

2. 掌握香肠制品的发色机理。

3. 学习如何通过工艺条件的改变控制产品质量。

二、实验原理

1. 色泽的形成:中式香肠瘦肉鲜红,主要是亚硝酸盐和硝酸盐的发色作用所致。且中式香肠产品含水量低,呈色物质浓度较高,因此色泽更鲜亮。肥肉经成熟后呈白色或无色透明,使香肠红白分明。

2. 香肠的风味是在组织酶、微生物酶的作用下,由蛋白质、浸出物和脂肪变化的混合物而形成的,包括羰基化合物的集聚和脂肪的氧化分解。

3. 在一定浓度的盐溶液中,盐溶性蛋白质充分溶出,其肌动球蛋白受热后高级结构打开,在分子间通过氢键相互缠绕,形成纤维状大分子进而构成稳定的网状结构,因包含大量与肌球蛋白结合的游离水分而在加热胶凝后具有较强弹性。

三、实验材料

1. 实验原料

新鲜猪肉(瘦肉和肥肉)、腌制肠衣或干肠衣、食盐、硝酸盐、酱油、砂糖、白酒等。

2. 实验设备

绞肉机,斩拌机,灌肠设备,杀菌锅,刀,菜板等。

三、实验内容

1. 原料的选择和预处理

卫生检疫合格的新鲜猪后腿肉和肥膘,清洗、切丁、温水热漂去浮油,沥干水分备用。

原料的选择直接影响最终产品的色泽和口感。

2. 配方

750 g 瘦肉,250 g 肥肉。每 1 kg 肉中加入 25 g 盐,5 g 蔗糖,5 g 葡萄糖,0.1 g 亚硝酸盐($NaNO_2$),0.5 g 抗坏血酸(维生素 C),50 g 水。

3. 工艺流程

原料肉→预处理→腌制→拌馅→灌制→烘烤或日晒→晾挂成熟→成品。

4. 操作要点

(1)肠衣的准备

为简化加工过程,可直接购买成品盐渍肠衣,一般放入清水池中浸泡 1~2 h,洗净内外表面的油脂,沥干备用。

(2)腌制

将瘦肉与复合盐在 4 ℃混合均匀,腌制 12 h 左右,使其充分发色。

腌制时,注意在低温下腌制,搅拌均匀。

(3)拌馅

将腌好的瘦肉绞碎,加入冰水和调味料(可适量加入料酒和醋等去除肉的腥味)搅和均匀,搅拌均匀后与微冻后的肥肉丁充分混合。

(4)灌制

灌制可采用手动灌制或灌肠机自动灌制,在该过程中要注意灌制速度,因为天然肠衣较薄易破裂,每节香肠的长度最好控制在 12~15 cm,灌制结束后,用针头在肠衣上不均匀地戳一些小孔,以便后续烘干或晾晒时排出内部的气体。

(5)漂洗

用清水冲洗掉肠衣表面的肉沫和油脂,减少微生物的污染。

(6)烘干或晾晒

65~75 ℃热风干燥 12 h,或者日晒 3~4 d,以肠衣干缩均匀为佳。

5. 包装和贮藏

根据 GB/T 23493—2009《中式香肠》规定,香肠应贮存在干燥、通风良好的场所。不能与有毒、有害、有异味、易挥发、易腐蚀的物品同处贮存。

6. 安全标准

根据 GB 2730—2015《食品安全国家标准 腌腊肉制品》规定的方法检验。

7. 感官评定

感官评定标准

评定指标	评定标准	分数
色泽(权重25%)	瘦肉呈红色、枣红色,脂肪呈乳白色,外表有光泽	100—70
	瘦肉呈枣红色,脂肪部分呈乳白色,外表光泽较暗淡	70—35
	瘦肉呈紫色,脂肪呈灰红色,外表无光泽	35—0
香气(权重25%)	腊鲜味纯正浓郁,具有中式香肠固有的香味	100—70
	腊鲜味较浓郁,具有一定中式香肠固有的香味。	70—35
	腊鲜味不突出,不具有中式香肠固有的香味	35—0
滋味(权重25%)	滋味鲜美,口感均匀,咸甜适中	100—70
	滋味较好,口感平稳,咸甜适中	70—35
	滋味差,口感粗糙,偏咸或偏甜	35—0
形态(权重25%)	外形完整、均匀,表面干爽且收缩后自然皱纹明显	100—70
	外形较完整、较均匀,表面干爽且收缩后自然皱纹较明显	70—35
	外形不完整、不均匀,表面干爽且收缩后自然皱纹不明显	35—0

五、思考题

1. 分析亚硝酸盐的发色机理,探讨可替代的腌制剂。

2. 分析加工过程中可能存在的安全隐患,如何避免?

六、参考文献

王新惠,张雅琳,刘洋,等.香肠发酵和成熟过程中食用安全性探析[J].中国调味品,2018(9):130-133.

实验十二

鱼松的加工

一、实验目的

1.了解鱼松制作的基本工艺。

2.了解鱼松加工原理。

二、实验原理

鱼松是将鱼肉煮烂,再经过炒制、揉搓而成的一种营养丰富、易消化、使用方便、易于贮藏的脱水制品,主要是在炒制和揉搓过程中将鱼肌肉制成绒毛状。

三、实验材料

1. 实验原料

鲢鱼或草鱼(也可根据自己喜好选择其他品种)、生姜、料酒、花椒、生抽、盐、糖等。

2. 实验设备

蒸锅、炒锅等。

四、实验内容

1. 原料的选择和预处理

选用新鲜草鱼或者鲢鱼,去掉鱼鳞和内脏,再去掉头和尾巴,只选用鱼的中段,用水洗去血污、杂质,沥干备用。

2. 配方

100 g鱼肉中加入0.5 g料酒,1.5 g精盐,3.0 g白糖,0.15 g味精,4.0 g姜汁。

原料预处理时要注意去除全部内脏,尤其是鱼肚里面的黑色皮层,以免影响产品后续色泽。

3. 工艺流程

原料验收→预处理→蒸制→去皮、去刺→捣碎→炒松与调味→
过筛→密封包装。

4. 操作要点

（1）腌制

前处理完的鱼片干腌2 h,腌制条件为每100 g鱼肉添加3 g食
盐。清水漂洗,温度不能超过10 ℃,否则达不到去腥作用。

（2）蒸制

将处理好的鱼中段放入蒸锅,水开后继续蒸15 min左右,时间
根据原料量适当调整。

（3）去皮、去刺

鱼肉蒸煮结束后,取出鱼肉,趁热去除鱼皮,冷却后剔除鱼刺,
将鱼肉顺着肌纤维仔细拆碎,注意将细小鱼刺及时剔除,沥干鱼碎
肉水分。

（4）炒松与调味

将捣碎的鱼肉放入炒锅中,用文火炒至鱼肉半干,加入调味料
调味,继续反复翻炒,整个过程需注意水分的控制,水分过低鱼肉纤
维易被损坏,有时还会炒焦,影响口感,水分过高则不利保藏。

炒松时注意温度
和时间的控制。

（5）过筛

冷却后的鱼松用筛网进行过筛(可采用20目筛网),除去细小的
鱼刺、焦块,提升鱼松的食用安全性及外观。

（6）密封包装

干燥结束后放至自然冷却,用玻璃密封罐或密封袋密封包装。

5. 包装和贮藏

鱼松的吸水性很强,长期贮藏最好装入玻璃瓶或马口铁盒中,
短期贮藏可装入单层塑料袋内,刚加工成的肉松趁热装入预先消毒
和干燥的复合阻气包装袋中,贮藏于干燥处,可以半年不会变质。

6. 安全标准

参照GB/T 23968—2009《肉松》执行。

7. 感官评定

感官评定标准

评定指标	评定标准	分数
色泽(权重35%)	产品呈金黄色或淡黄色,带有光泽	100—70
	产品呈淡黄色,光泽较好	70—35
	产品呈暗黑色,没有光泽	35—0
形态(权重35%)	絮状,纤维疏松无团粒	100—70
	絮状一般,纤维疏松有少量团粒	70—35
	絮状较差,纤维不疏松有较多团粒	35—0
气味(权重30%)	香味纯正浓郁,无异味臭味	100—70
	香味较纯正,有轻微鱼腥味	70—35
	香味较淡,鱼腥味及焦味较重	35—0

五、思考题

1. 简述肉松色泽和风味的形成机理。

2. 冷却过程中,如何保证制品的安全卫生?

六、参考文献

金达丽,赵利,付奥,等.鱼松的制作工艺研究[J].食品科技,2017,42(01):171-175.

实验十三

凝固型酸奶的制作

一、实验目的

1. 掌握凝固型酸奶的制作原理和方法。
2. 了解酸奶制作的操作要点。

二、实验原理

酸奶是以牛乳为主要原料,经灭菌后,接种乳酸菌发酵而成。用于酸奶发酵的乳酸菌主要是保加利亚乳杆菌、嗜热链球菌等。酸奶发酵中的主要生物化学变化是:首先,乳酸菌将牛奶中的乳糖发酵成乳酸,使 pH 降低,到酪蛋白等电点(pH4.6)时,牛乳形成凝胶状;其次,乳酸菌还会促使部分酪蛋白降解,形成乳酸钙并产生一些脂肪、乙醛、双乙酰和丁二酮等风味物质。酸奶发酵过程是由两种及以上的乳酸菌混合培养实现的,其中的乳酸杆菌先分解酪蛋白为氨基酸和小肽,并促进乳酸球菌的生长,而乳酸球菌产生的甲酸又刺激了乳酸杆菌产生大量的乳酸和部分乙醛,此外乳酸球菌能产生双乙酰和丁二酮等风味物质,达到稳定状态的混合发酵。

三、实验材料与设备

1. 实验材料

新鲜牛奶或脱脂乳粉、白砂糖、乳酸菌、稳定剂、塑料杯或玻璃杯等。

2. 实验设备

移液器、电炉、灭菌锅、超净工作台、恒温培养箱、均质机、冰箱、台秤、天平等。

四、实验内容

1. 配方

新鲜牛奶:100 g 新鲜牛奶中加入 6~9 g 白砂糖。

复原牛奶:11 g 奶粉中加入 89 g 水,6~9 g 白砂糖。

2. 工艺流程

原料乳→白砂糖→均质→杀菌(75~85 ℃,30 min)→冷却(37~
45 ℃)→加发酵剂[2%~5%(灭菌过)]→装瓶→发酵(45 ℃,3~4 h)→
冷藏→凝固型酸奶。

3. 操作要点

(1)牛乳用4层纱布过滤,然后脱脂或不脱脂,加热至60 ℃,同
时加入白砂糖,100 g牛乳加入6~9 g白砂糖,待糖完全溶解,再放入
均质机均质。

(2)加热至85 ℃,杀菌30 min。将杀菌乳移置冷却水中冷却,当
温度降至37~45 ℃时加入发酵剂,100 g牛乳需加入5 g发酵剂,加入
时要不断搅拌,搅拌时要无菌操作。

在发酵过程中切勿搅拌或摇晃酸奶。

(3)灌装,将接种好的牛乳快速、无菌地灌装于150~200 mL的
灭菌玻璃容器中,灌装后马上封盖移置42~45 ℃的恒温箱中发酵,
发酵时间为2.5~3 h,发酵好的酸奶凝固不流动,无乳清分离,酸度为
pH 4.2~3.8,发酵结束后于4 ℃下贮藏。

4. 微生物限量

乳酸菌(CFU/g)≥10^6,大肠菌群(MPN/100 mL)≤90,致病菌不得
检出。

5. 包装和贮藏

发酵结束后放置于4 ℃下贮藏。

6. 感官评定

发酵好的酸奶应凝固无流动性、没有乳清析出;具有发酵乳的
滋味和气味,酸度在pH 4.2~3.8,酸甜适中,口感黏稠。

五、思考题

试述凝固型酸奶制作过程中的操作要点。

六、参考文献

中华人民共和国卫生部.GB 19302—2010 食品安全国家标准 发
酵乳[S].北京:中国标准出版社,2010.

实验十四

冰激淋的制作

一、实验目的

1.学习冰激淋的制作方法,掌握其操作要点。

2.了解影响冰激淋品质的因素。

二、实验原理

冰激淋是以稀奶油、饮用水、甜味剂、蛋品等为主要原料,加入适当的香料、稳定剂等食品添加剂,经混合、杀菌、均质、老化、凝冻、硬化等工艺制成。

凝冻是冰激淋加工的最重要工序,是达到冰激淋膨化率的重要操作。通过凝冻使冰激淋的水分形成微细的冰结晶;使空气进入并均匀地混合于混合料中,呈微小气泡状态;使冰激淋成型效果好;与冰激淋质量和产量有很大关系。

三、实验材料与设备

1. 实验材料

全脂奶粉、稀奶油、鸡蛋、甜炼乳、白砂糖、蜂蜜等。

2. 实验设备

冰激淋机、电磁炉、不锈钢锅、电子天平、玻璃棒、冰激淋杯等。

四、实验内容

1. 原料的选择和预处理

用沸水清洗冰激淋机;鲜蛋去壳后除去蛋白,将蛋黄搅拌均匀后备用。将纯牛奶分为三份:一份用来溶解蛋黄,一份用来溶解炼乳,一份用来溶解白糖。然后加入蜂蜜,最后将其混合,并稍稍加热使之充分溶解。

2. 配方

制作100 g的冰激淋的配方为:10 g速溶全脂乳粉(无糖型),10 g甜炼乳,7 g稀奶油,10 g白砂糖,7 g鸡蛋,56 g水。

3. 操作要点

凝冻:先用热水清洗冰激淋机的凝冻筒的内壁,再将配制好的原料倒入冰激淋机的凝冻筒内, **先开动搅拌器**,再开动冰激淋机的制冷压缩机制冷。待混合原料的温度下降至−3~−4 ℃时冰激淋呈半固体状即可出料。凝冻所需的时间为20~25 min。

原料的搅拌最好始终朝同一方向。

4. 卫生标准

按GB 2759—2015《食品安全国家标准 冷冻饮品和制作料》检测。

5. 感官评定

感官评定标准

评定指标	评定标准	分数
风味(权重40%)	甜度适中,可口;奶香味纯正、豆香味适中	40—30
	甜度不足或过甜;奶香味不明显、豆香味有点重	30—20
	有咸味,酸败味;豆味多于奶味	20—10
质地、组织(权重30%)	细腻、润滑、无明显粗糙冰晶、无气孔	30—20
	有小冰晶或细微颗粒感	20—10
	较大冰晶或组织粗糙	10—0
色调、溶解性、外观特性(权重30%)	形态完整、不变形、不软塌、不收缩	30—20
	形态不完整、有点黏	20—10
	形体过黏,有凝块	10—0

五、思考题

阐述实验遇到的问题,如何解决这些问题?

六、参考文献

[1] 中华人民共和国国家质量监督检验检疫总局,中国国家标准化管理委员会.冷冻饮品 冰激淋:GB/T 31114—2014[S].北京:中国标准出版社,2014.

[2] 刘爱国.冰激淋配方设计与加工技术[M].北京:化学工业出版社,2008.

实验十五

干酪的制作

一、实验目的

1. 了解和熟悉在实验条件下干酪的加工工艺。
2. 掌握干酪的操作过程和加工原理。

二、实验原理

干酪又名奶酪,是一种发酵的牛乳制品,在牛乳中加入凝乳酶,使牛乳中的蛋白质凝固,经过压榨、发酵等过程所制得的乳品,也叫乳干、乳饼,蒙古族人有时称其为奶豆腐。

三、实验材料与设备

1. 实验材料

鲜奶(无抗生素)、凝乳酶、发酵剂、10%CaCl$_2$溶液(食品级)、食盐等。

2. 实验设备

干酪槽、压榨机、干酪切刀、包布、干酪模、温度计、压板、筛子等。

四、实验内容

1. 原料的选择和预处理

原料鲜奶要符合鲜乳理化及卫生指标,并将原料乳的含脂率调至2.0%~2.5%。

2. 工艺流程

原料乳→杀菌→冷却→加入发酵剂→调酸(至22 °T)→加入CaCl$_2$(以10%溶液渗加)→加凝乳酶→切割(0.7~0.8 cm)→排乳清→二次加热搅拌排乳清→堆积→成型→预压→反转→压榨→加盐→腌制→成熟→包装→冷藏。

3. 操作要点

(1)将原料乳倒入锅内,加热至73~78 ℃、杀菌15 s,然后再滤入干酪槽中。

原料乳的pH是影响凝乳酶活性的一个重要因素，一般胃蛋白酶在pH5.0以下稳定，在pH6.0以上受破坏，一般正常乳的pH为6.5，因此凝乳中应加适量稀盐酸(1mol/L)调节乳中pH促进胃蛋白酶活性增强，加速凝乳过程。

虽然不同品种切块大小不一，但对同一品种必须切块大小均匀，否则因排乳清不均影响干酪的质量。

成型预压过程和包布操作要快而保温，防止干酪变凉，影响压榨，压榨时要逐渐加压使干酪团内部和表层排乳清均匀，控制成品的正常含水量等。

(2)马上冷却至凝乳温度(29~31 ℃)并加入原料乳总量2%的发酵剂和0.02%的CaCl₂(配成10%溶液)

(3)加凝乳酶(用1%的食盐水配制2%的凝乳酶溶液，每100 kg乳加2 g凝乳酶溶液)迅速搅拌均匀，保温25~40 min进行凝乳(凝乳酶量按其效价计算后加入)。

(4)调酸：加发酵剂10 min后，用1 mol/L HCl调整乳的酸度至22 °T(0.2乳酸度)。

(5)切块及凝块处理：切块前可先检查乳凝固是否正常，即用先插入凝乳中，指肚向上挑开凝块，如果裂口整齐，质地均匀，乳清透明，即可用纵槽切刀将凝块切成6块6~8 cm³的小方块，然后用木耙轻轻搅拌切块15 min左右，以排出乳清、增加切块硬度，开始搅拌10 min后排出乳量的1/3乳清(搅拌要缓慢)，余下的部分进行第二次加温处理(每分钟升温1 ℃，直至升至40 ℃)。搅拌可以促进乳酸菌的发育及使切块进一步挤出乳清，时间30~40 min。

(6)堆积成型：二次加温搅拌结束后，干酪粒下沉，形成粒层，此时用耙将其堆至干酪槽一侧，放出乳清并用带孔的木板堆压15 min左右，压成干酪层，之后用刀切成与模型大小相宜的块放入模型中，手压成型。

(7)压榨：先用预先洗净的干酪布(33 cm见方白棉布即可)以对角方向将成型好的干酪团包好(防止出皱褶)放入模型中，然后置于压榨器上预压30 min左右，取下打开包布洗布后重新包好按以前次颠倒方向再放入模型内再上架压榨，如此反复5~8次，转入最后压榨3~6 h，压榨结束后进行干酪团的整饰。

(8)盐渍：将干酪团置于饱和盐水内，顶部撒些干盐，盐渍5~7 d,于16~22 °Be′的盐水内渍1~3 d,室温10 ℃左右，相对湿度93%~95%，每天翻转一次。

(9)成熟：盐渍后将干酪团用90 ℃热水清洗后干燥，再置于成熟室架上进行成熟，成熟室温度10~14 ℃，相对湿度前期90%~92%，后期85%左右，成熟时间至少2~2.5个月，成熟期间每7~8 d用热水清洗一次防霉。

(10)包装和贮藏：成品在5 ℃、相对湿度80%~90%条件下保存。

4. 安全标准

需符合 GB 5420—2010《食品安全国家标准 干酪》的规定。

5. 包装和贮藏

将干酪放入密封的容器中 1~3 ℃冷藏。

6. 感官评定

干酪应呈乳白色,质地紧密、光滑、均匀有光泽,具有干酪特有的滋味和气味;干物质≥45%,干物质中脂肪≥45%。

五、思考题

简述干酪生产流程中的关键步骤。

六、参考文献

[1] 尤宏,杨迎春,罗晓红.马苏里拉干酪的研究进展[J].现代食品,2019(15):26-28.

[2] 张和平,张列兵.现代乳品工业手册[M].北京:中国轻工业出版社,2005.

实验十六

巴氏杀菌乳的加工

一、实验目的

1.掌握巴氏杀菌乳的加工原理和工艺方法。

2.了解巴氏消毒法的作用及效果评价。

二、实验原理

巴氏消毒法是利用病原体不耐热的特点,用适当的温度和保温时间处理食材,将其含有的病原微生物杀灭,但经巴氏消毒后,仍保留了小部分无害或有益、较耐热的细菌或细菌芽孢。巴氏杀菌乳是以新鲜牛奶为原料,在75~85 ℃的低温条件下杀菌10~20 s,这种温和热处理能杀死牛乳中绝大部分的微生物,并保留新鲜牛奶的营养物质和纯正口感。因此巴氏消毒牛奶需要在4 ℃左右的温度下保存,且保存时间较短,只有3~10 d。

三、实验材料与设备

1. 实验材料

新鲜牛乳、4层纱布等。

2. 实验设备

烧杯、电磁炉、电子天平、均质器、冰箱等。

四、实验内容

1. 原料的选择和预处理

将用理化指标初步检测合格的牛乳用4层纱布过滤净化,待用。

2. 工艺流程

原料乳的验收→过滤、净化→预热均质→巴氏消毒→冷却→灌装→检验→冷藏。

3. 操作要点

(1)预热均质

通常进行均质的温度为65 ℃,均质压力为10~20 MPa。如果均质温度太低,也有可能发生黏滞现象。

(2)巴氏消毒

将牛乳加热至75 ℃,持续15~20 s;或者80~85 ℃,持续10~15 s。

(3)杀菌后的冷却

杀菌后的牛乳应尽快冷却至4 ℃,冷却速度越快越好。其原因是牛乳中的磷酸酶对热敏感,不耐热,易钝化(63 ℃,20 min即可钝化)。

(4)冷却

为了抑制牛乳中细菌的生长,延长保质期,仍需及时进行冷却,通常将牛乳冷却至4 ℃左右。

(5)巴氏消毒效果评价

①卫生标准

GB 19645—2010《食品安全国家标准 巴氏杀菌乳》

②感官评定

牛乳应为均匀一致的乳白色或微黄色,具有牛乳固有的滋味和气味,无异味、无凝块、无沉淀。

五、思考题

简述巴氏消毒对牛乳中各组分的影响。

六、参考文献

[1] 郭成宇,吴红艳,许英.乳与乳制品工程技术[M].北京:中国轻工业出版社,2016.

[2] 杨贞耐.乳品生产新技术[M].北京:科学出版社,2015.

实验十七

啤酒的制作

一、实验目的

1.掌握啤酒制作的基本原理及加工工艺过程。

2.了解酵母菌的生理特性,掌握发酵各阶段的特点。

二、实验原理

啤酒是以麦芽、水为主要原料,加入啤酒花(包括酒花制品),经酵母发酵酿制而成的含有二氧化碳的、起泡的、低酒精度的发酵酒。特殊的麦芽香味、酒花香味和适口的酒花苦味,会形成持久不消、洁白细腻的泡沫,这些构成了啤酒独特的风格。啤酒的制作过程主要分为麦芽汁的制备和啤酒发酵两个过程。麦芽汁的制备过程包括:糖化、过滤、煮沸、澄清和冷却。啤酒的发酵过程包括主发酵、后发酵等阶段。发酵结束后要进行澄清、过滤、除菌和包装,最后得到啤酒制品。本实验要求通过制作淡色啤酒理解啤酒的生产原理,掌握工艺技术。

三、实验材料与设备

1. 实验材料

纯净水、大麦麦芽、啤酒花、蔗糖、活性干酵母、0.5%碘液。

2. 实验设备

电炉、粉碎机、糖化容器、发酵桶、啤酒瓶、封盖器、冷柜、温度计、糖度计、pH计。

四、实验内容

1. 原料的选择和预处理

选择淡黄色、有光泽、具有麦芽香味、无异味、无霉粒的麦芽;将麦芽去根后粉碎。

2. 工艺流程

酒花　　　　　酵母
↓　　　　　　↓

麦芽→粉碎→糖化→过滤→煮沸→澄清→发酵→后发酵→灌装→成品。

3. 操作要点

(1)糖化制备麦汁

将麦芽粉以1:4的料液比加水,在55 ℃保持40 min分解蛋白质,然后将温度升至63 ℃,恒温下保持至碘液反应无色,再升温至78 ℃保持10 min,过滤得到澄清麦汁。

(2)麦汁煮沸和添加酒花

麦汁煮沸90 min(煮沸前要预加足量水,补充蒸发的损失)。麦汁煮沸过程中分3次添加麦汁总量0.1%的酒花。麦汁刚煮沸时加入10%的酒花,煮沸40 min后加入50%的酒花,煮沸结束前10 min加入40%的酒花。煮沸完成后冷却沉淀去除酒花。

(3)活化干酵母

按100 mL麦汁称取0.05 g活性干酵母,加入100 mL 2%的蔗糖溶液中,25 ℃保温30 min。

(4)主发酵

将冷却至室温的麦汁倒入发酵桶中,加入活化好的酵母,搅拌均匀,盖好桶盖,即进入主发酵阶段。

(5)后发酵

通过后发酵可以使残糖继续发酵、促进啤酒风味成熟、增加CO_2的溶解量、促进啤酒的澄清。后发酵的温度通常先高后低,前期控制3~5 ℃,而后逐步降温至1~-1 ℃。

4. 包装和贮藏

将后发酵结束的酒液装入干净的玻璃瓶中,装液量为瓶子体积的85%~90%,再加入1%浓度为30%的蔗糖溶液。在室温下放置后转入1 ℃的冷藏柜中,后发酵7 d以上即可。

5. 安全标准

符合GB 2758—2012《食品安全国家标准 发酵酒及其配制酒》的规定。

去根后麦芽应进行增湿粉碎,保持麦芽表皮完整,以免麦芽皮壳中含有谷皮酸、多酚类物质的溶解物,使麦汁色泽加深,并使啤酒具有让人不愉快的苦涩味,降低啤酒的非生物稳定性。

63 ℃糖化时,每5 min取清液用0.5%碘液检测一次,至碘液反应无色停止。

6.感官评定

感官评定标准

评定指标	评定标准	分数
外观(权重30%)	有光泽、色泽清亮、无明显悬浮物	100—70
	光泽较好、色泽较清亮、有少量悬浮物	70—35
	光泽差、色泽较差、有明显悬浮物和沉淀物	35—0
香气和口味(权重35%)	有明显酒花香气、麦芽香气、姜枣香气;口感纯正厚重、爽口,酒体柔和协调,有姜辛辣味,枣甜味,杀口感强烈,无异味	100—70
	口感纯正、爽口,酒体协调,杀口感一般	70—35
	酒花香、麦芽香和姜枣香气寡淡;口感粗糙,有酸味、双乙酰味,酵母味、其他异味	35—0
泡沫(权重35%)	泡沫细腻,挂杯持久性好	100—70
	泡沫较细腻,挂杯持久性较好	70—35
	泡沫粗大、不持久,泡持性差	35—0

五、思考题

1.啤酒酿造时使用酒花及其制品的作用是什么?为什么要分次添加?

2.啤酒主发酵和后发酵的目的和作用是什么?为什么要除去发酵液上形成的泡盖?

六、参考文献

[1] 中华人民共和国国家质量监督检验检疫总局,中国国家标准化管理委员会.啤酒:GB 4927—2008[S].北京:中国标准出版社,2008.

[2] 中华人民共和国国家质量监督检验检疫总局,中国国家标准化管理委员会.啤酒分析方法:GB/T 4928—2008[S].北京:中国标准出版社,2008.

[3] 马道荣,杨雪飞,余顺火.食品工艺学实验与工程实践[M].合肥:合肥工业大学出版社, 2016,34-37.

[4] 朱其顺,王顺昌,张科贵.一种暖性原浆啤酒的酿制[J].淮南师范学院学报,2019,21 (02):142-145.

实验十八

苹果醋的制作

一、实验目的

1.了解苹果醋的酿造原理。

2.熟悉苹果醋的酿造工艺过程及操作要点。

二、实验原理

苹果醋属于果汁醋,是以新鲜多汁的水果或其浓缩果液等为主要原料,经添加酵母菌和醋酸菌在一定的条件下发酵而制成的果醋。酵母菌在无氧条件下进行酒精发酵生成酒精;醋酸菌在有氧条件下利用葡萄糖或酒精生成醋酸。苹果醋是一种营养价值含量很高的饮料,具有多重功效。

三、实验材料与设备

1.实验材料

新鲜苹果、酿酒用活性干酵母、酿醋用活性醋酸菌、果胶酶(食品级)、绵白糖。

2.实验设备

打浆机、恒温水浴锅、灭菌锅、均质机、刀具及承装器皿等。

四、实验内容

1.原料的选择和预处理

挑选新鲜成熟的苹果为原料,要求糖分含量高、香气浓、汁液丰富、无霉烂果实,于40℃下用流动水清洗,沥干水分。

2.配方

每100 g苹果汁加入0.1 g果胶酶,14 g糖浓度,14 g干酵母,10 g液体醋酸菌。

3.工艺流程

原料预处理→破碎打浆→酶处理→调整糖度→加热澄清→酒精发酵→醋酸发酵→过滤→陈酿→澄清→灌装→杀菌→成品。

4. 操作要点

(1)破碎打浆

将洗好的苹果去皮、去核并切块,放入纯净水中护色,要求水量没过果肉,防止苹果被氧化。打浆时应尽量避免原料与空气过多接触,避免原料发生褐变。果汁中的单宁易与金属反应,所以与果汁接触的容器不能用铁器。

(2)酶处理

为了使苹果中的果胶物质分解为可溶性成分,可以添加果胶酶,有利于色素或芳香物质的提取。加入果胶酶,加入量为苹果汁的0.1%,在50 ℃下酶解1.5 h。

(3)调整糖度

添加白砂糖,调整果浆糖浓度一般为14%。

(4)澄清

将加白砂糖后的果浆加热,用蒸汽加热至98 ℃,杀菌30 s,使果汁内的蛋白质絮凝沉淀,并将沉淀物过滤,密封后,冷却至室温。

(5)酒精发酵

在苹果汁中接入0.35%活化好的酿酒高活性干酵母于28 ℃恒温发酵。每隔12 h检测发酵液的糖度和酒精度,酒精体积分数达到7%~8%时停止发酵,4~5 d发酵完成。把得到的苹果酒醪静置沉降数天,取上层较清的苹果酒液进入醋酸发酵。

(6)醋酸发酵

酒精发酵结束后,高温灭菌,冷却至室温后,放入低于醋酸发酵池2/3处,同时加入液体醋酸菌混合,加入量为苹果酒的10%,并不断通入无菌氧气,温度控制在36~38 ℃,并随时检测醋酸发酵过程中酸度和酒精度的变化。当酸度稳定且基本不再增加,发酵液中几乎检测不到酒精时,醋酸发酵结束。

(7)陈酿

常温放置45 d。

(8)均质、澄清

醋酸发酵结束后,将成品醋进行均质,再进行澄清,后进行高温杀菌。

初始糖的浓度对醋酸发酵有较大影响,在一定浓度范围之内,糖浓度与醋酸浓度呈正相关趋势,但当糖浓度大于14%时,醋酸的浓度就开始下降。出现这种情况主要是由于前期反应底物糖浓度增加,醋酸浓度有所增加,但后期的糖浓度过高,又导致渗透压增高,使酵母的生长代谢受阻,进而使酒精浓度也升高,从而抑制了醋酸菌的正常生长繁殖,致使醋酸生成量逐渐减少。

(9)灌装、杀菌

将苹果醋灌装至包装中,密封。85 ℃高温杀菌后,使其降温至室温,即为成品果醋

5. 包装和贮藏

瓶装密封,常温贮藏。

6. 卫生标准

菌落总数(CFU/g)≤5000,大肠杆菌群(MPN/100 mL)≤3,致病菌(沙门氏菌、志贺氏菌、金黄色葡萄球菌)不得检出。

7. 感官评定

感官评定标准

评定指标	评定标准	分数
外观形态(权重35%)	十分清澈透明	100—70
	有少量悬浮物	70—35
	有明显的沉淀颗粒物	35—0
色泽(权重30%)	清澈的橘黄色	100—70
	淡黄色	70—35
	色泽不明显	35—0
滋味气味(权重35%)	酸甜可口,无异味;浓郁的苹果香味并带有发酵的香气	100—70
	酸甜适中;有苹果的香气,略有醋香	70—35
	偏酸偏冲,有异味;有明显的醋味但无果香味	35—0

五、思考题

1.果醋和食用醋在发酵工艺上主要有什么不同?

2.果醋的保健功效有哪些?

六、参考文献

[1] 魏永义,王富刚,尹军杰.苹果醋饮料感官品质的模糊综合评判研究[J].中国调味品,2015,40(03):26-27,32.

[2] 赵敏,窦冰然,骆海燕,等.苹果醋发酵工艺及醋饮料的研究[J].食品工业,2016,37(04):27-29.

[3] 中华人民共和国国家质量监督检验检疫总局,中国国家标准化管理委员会.苹果醋饮料:GB/T 30884—2014[S].北京:中国标准出版社,2014.

实验十九

醪糟的制作

一、实验目的

1. 了解酵母菌在醪糟制作中的作用。

2. 初步掌握醪糟的制备工艺。

二、实验原理

醪糟是一种米酒,又叫酒酿、甜酒、酸酒,旧时叫"醴",是江南地区特色传统小吃。醪糟的主要原料是糯米,糯米经蒸煮糊化后,拌入甜酒曲。甜酒曲是糖化菌及酵母制剂,其所含的微生物主要有根霉、毛霉及少量酵母。糖化菌可以将糯米中的蛋白质大分子物质降解为氨基酸小分子,并且可以将淀粉糖化,降解为葡萄糖。然后酵母菌利用葡萄糖进行酒精发酵,将一部分葡萄糖转化为酒精。这样就制成了香甜可口、营养丰富的甜酒酿。

三、实验材料与设备

1. 实验材料

甜酒曲、糯米、水。

2. 实验设备

恒温发酵箱、蒸锅、不锈钢用具等。

四、实验内容

1. 原料的选择和预处理

糯米必须完整、精白、饱满、无杂质、无杂米,以当年生产的优质糯米为原料,水分含量＜15%,淀粉含量＞69%。

2. 配方

工艺参数及用量见操作要点。

3. 工艺流程

选米→洗米、浸米→蒸煮→淋饭摊凉→下曲培菌→落罐、搭窝→保温发酵→过滤→灭菌→成品。

4. 操作要点

(1)洗米、浸米

将糯米放入不锈钢盆中不断清洗,直到淘米水不再混浊为止。用清水浸没淘洗干净的糯米,米和水的比例为1.0∶2.5(g/mL),将糯米放在30 ℃的恒温生化培养箱中,浸米24 h,然后用自来水淘洗两次并沥干。浸泡程度以糯米手捏即碎,内无白心为原则。

(2)蒸煮

将浸泡好的糯米沥干水后,放入蒸锅内蒸煮40 min,蒸煮后的糯米需内无白心、疏松不糊、均匀一致。

(3)淋饭摊凉

将蒸煮过的糯米摊放到无菌的不锈钢托盘上使其冷却,可适当地添加少许冷开水加速其冷却,使其降温到30 ℃左右。

(4)下曲培菌

将一定量的酒曲加入冷却的糯米原料中,使原料与菌种充分混合,接种量为糯米原料质量的0.4%,在拌曲的过程中加入适量的冷开水,将糯米充分拌匀。

(5)落罐、搭窝

将已经拌曲的糯米搭成有利于通气均匀和糖化菌生长,更有利于观察甜米酒生产状况的"倒喇叭"形凹圆窝,用保鲜膜密封。

(6)保温发酵

根据不同的实验条件,在30 ℃恒温箱中保温发酵。经发酵后可观察到其表面出现白色菌丝,产生糖液,经过36 h,发酵成熟。

(7)灭菌

根据巴氏消毒法,采取65 ℃杀菌30 min。

5. 包装和贮藏

瓶装密封,常温贮藏。

发酵时间应严格控制,研究表明:当发酵时间为36 h时,甜米酒的口感醇厚、风味最佳,综合评分最高;当发酵时间为24 h时,甜米酒香味较淡、酒味较淡薄;发酵时间稍长时,甜米酒的香气较浓,酒味浓郁,但开始出现酸味;当发酵时间为72 h时,甜米酒的口感最差,可能是因为在此阶段菌种产生大量的次级代谢产物,故甜米酒出现酸味和苦涩味。

6. 卫生标准

铅(以Pb计)(mg/L)≤0.5,菌落总数(CFU/g)≤50,大肠菌群(MPN/100 mL)≤3,致病菌(沙门氏菌、志贺氏菌、金黄色葡萄球菌)不得检出。

7. 感官评定

感官评定标准

评定指标	评定标准	分数
外观形态(权重35%)	质地均匀,酒醪清澈	100—70
	质地均匀,酒醪较清澈	70—35
	有明显的沉淀物或悬浮物	35—0
色泽(权重30%)	色泽均匀、有光泽	100—70
	色泽较均匀、光泽度欠佳	70—35
	乳白色、色泽不均匀	35—0
滋味气味(权重35%)	清香协调,无异味;口感细腻、味道柔和、香甜可口	100—70
	香气较浓或较淡,无异味;口感较粗糙、酒味较淡薄	70—35
	香气过浓或过淡;口感粗糙、酒味淡薄	35—0

五、思考题

1. 对比醪糟和果酒的制备工艺流程,分析其不同之处。

2. 测定本实验产品的糖度、酸度和酒精度,对比每个小组制备的产品之间的差异。

六、参考文献

[1] 郑战伟,张宝善,孙娟,等.醪糟加工工艺及其包装技术的研究[J].食品工业科技,2012,33(04):278-282.

[2] 李华敏,王艺欣,李林,等.甜米酒发酵工艺条件研究[J].中国酿造,2018,37(7):199-202.

[3] 海南省质量技术监督局.糯米酒:DB46/T 120—2008[S].北京:中国标准出版社,2008.

第二部分　综合实验

热加工对水果质构的影响

一、实验目的

1. 了解水果热加工的意义和主要加工方式。
2. 探究热加工对水果质构的影响。

二、实验原理

　　水果加温技术是采后水果加工中的常用技术,可用于冬季水果加温鲜吃,也可用于水果罐头、果汁、果酱等深加工中,在采后水果加温提高或改善鲜切果实品质方面也有研究报道。但加热提高水果温度,会在一定程度上破坏水果的外观和营养品质,这就要求选择适宜的加工方式。

三、实验材料与设备

　　1. 实验材料
　　新鲜水果。

2. 实验设备

电子天平、尺子、电热恒温水浴锅、质构仪、刀具等。

四、实验内容

1. 原料的选择和预处理

市售新鲜水果1~2种,无伤痕,中等大小,清洗干净备用。

2. 工艺流程

原料预处理→实验设计→水浴加热处理→质构分析→记录及分析结果。

3. 操作要点

(1)设计不同加热温度或者加热时间的水浴实验:如选择加热温度组,则固定加热时间。

(2)加热时间为2 min,加热温度分别选择40 ℃、50 ℃、60 ℃、70 ℃和80 ℃组;如选择处理时间组,则固定加热温度为50 ℃,处理时间分别设定为1 min、2 min、3 min和4 min组,每个处理组选2~3个果实。

(3)选择大小合适的玻璃烧杯,装入纯水并放入水浴锅中加热到实验温度,按照实验设计的参数进行实验处理。

(4)质构分析:处理后的水果样品用刀切取10 mm×10 mm×10 mm大小的果块,采用P/50探头对样品进行TPA质构测试。样品的测试参考参数为:预压速率、下压速率和上行速率均为1 mm/s,压缩程度为60%,停留间隔为5 s,数据采集速率为200点/s,触发力值为50 N,每个样品重复10次。记录所有质构分析数据,并分析实验结果。

五、思考题

1.简述热加工对水果加工和保鲜的作用。

2.水果热加工的方式有哪些? 有什么优缺点?

六、参考文献

颜思语,潘静娴.不同温度及加温方式对几种水果冬季鲜吃品质的影响[J].食品工业科技,2013,34(19):80—83.

加热作为果蔬加工中一项常用的技术,能在很大程度上改善果蔬加工品质、钝化酶活性、降低亚硝酸盐含量和杀死病原菌,但同时也会造成营养素的流失,因此在选择加热方式和参数的时候要在综合各方面的基础上进行考虑。

混合果蔬汁的加工

一、实验目的

1.了解掌握果蔬汁加工中色泽改变的机理。

2.了解加工过程中采取的护色措施。

3.了解果蔬汁加工工艺流程。

二、实验原理

果蔬汁加工过程中颜色的变化主要是由于果蔬组织中含有多种酚类物质和多酚氧化酶,在加工的过程中,由于组织破坏且与空气接触,使酚类物质被多酚氧化酶氧化,生成褐色的醌类物质,色泽会由浅变深,这种褐色主要来源于酶促褐变;另外,由于果蔬中含有氨基酸和还原糖,在贮存和加工过程中会出现非酶促褐变反应,即美拉德反应,从而使产品颜色发生变化。因此,在实验过程中采用钝化酶活性的方式抑制酶促反应,同时加入护色剂防止加工过程中产品色泽的变化。

三、实验材料

1. 实验原料

胡萝卜、黄瓜、番茄、橙子、苹果、草莓等,以市场现购为准(本实验以草莓和胡萝卜混合汁为例)。

2. 实验设备

打浆机、榨汁机、杀菌机、均质机、温度计、pH试纸、天平等。

四、实验内容

1. 原料的选择和预处理

选择优质的制汁原料是果蔬汁加工的重要环节,选择制汁果实

原料的选择直接影响最终产品的色泽、口感和稳定性。

和蔬菜的质量要求:原料新鲜,无虫蛀、无腐烂,应有良好的风味和芳香,色泽稳定,酸度适中。

榨汁前为了防止把农药残留和泥土尘污带入果汁中,必须将果实和蔬菜充分洗涤,带皮压榨的水果要特别注意清洗效果,必要时用无毒表面活性剂洗涤,某些水果还要用漂白粉、高锰酸钾等进行杀菌处理。一般采用喷水冲洗或流水冲洗。

2. 配方

原胡萝卜汁300 mL,草莓汁200 mL,白砂糖80 g,柠檬酸1.5 mL,苯甲酸钠0.2 mL,草莓香精0.6 g,稳定剂1.2 g。

3. 工艺流程

(1)浑浊果蔬汁:果蔬原料→清洗、挑选、分级→制汁→分离→杀菌→冷却→调和→均质→脱气→杀菌→灌装→浑浊果蔬汁。

(2)澄清果蔬汁:果蔬原料→清洗、挑选、分级→制汁→分离→杀菌→冷却→离心分离→酶法澄清→过滤→调和→脱气→杀菌→灌装→澄清果蔬汁。

(3)浓缩果蔬汁:果蔬原料→清洗、挑选、分级→制汁→分离→杀菌→冷却→离心分离→浓缩→调和→装罐→浓缩果蔬汁。

4. 操作要点

(1)护色

果蔬汁饮料在其原料加工过程中会发生各种生化反应,导致成品颜色的变化、营养价值和色香味降低或被破坏。因此,制作果蔬汁饮料必须依据理论上对变色机理的解释,采取措施控制或延缓变色,保证其商业价值。本实验所采用的胡萝卜色泽相对稳定,可根据杀菌条件添加少量合成色素补充色差。

(2)破碎

不同的榨汁方法所要求的果浆泥的粒度是不相同的,一般要求在3~9 mm,破碎粒度均匀,并不含有粒度大于10 mm的颗粒。目前,破碎工艺有机械破碎工艺、热力破碎工艺(包括高温破碎工艺和冷冻破碎工艺)、电质壁分离工艺和超声波破碎工艺。

(3)榨汁

榨汁方法通常分冷榨法和热榨法两种。冷榨法是在常温下对破碎的果肉进行压榨取汁,其工艺简单,但出汁率低。热榨法是对破碎的原料即刻进行热处理,温度为60~70 ℃,并在加热条件下进行榨汁,提高了出汁率。

(4)澄清

澄清指通过澄清剂与果蔬原汁的某些成分产生化学反应或物理—化学反应,使果蔬原汁中的浑浊物质沉淀或使某些已经溶解在原汁中的果蔬原汁成分沉淀的过程。澄清后,可以很容易地过滤果蔬原汁,使制得的果蔬汁饮料能够达到令人满意的澄清度。澄清的方法有自然澄清、明胶—单宁法、加酶澄清法、加热凝聚澄清法、冷冻澄清法等。

(5)过滤

果汁经澄清后,所有的悬浮物、胶状物质均已形成絮状沉淀,上层为澄清透明的果汁。通过过滤可以分离其中的沉淀和悬浮物,以得到所要求的澄清果汁。过滤分为粗滤和精滤。粗滤又称筛滤,是在榨出果汁后进行的,采用水平筛、回转筛、圆筒筛、振动筛等孔径为0.5 mm的筛网排除粒度较大的杂质。精滤需排除所有的悬浮物,过滤介质需采用孔径较小且致密的滤布,如帆布、人造纤维布、不锈钢丝布、棉浆、硅藻土等过滤介质。常用的设备有袋滤器、纤维过滤器、板框压滤机、真空过滤器、离心机等。

(6)均质

均质是生产浑浊果蔬汁的必要工序,其目的在于使浑浊果蔬汁中的不同粒度、不同相对密度的果肉颗粒进一步破碎并分散均匀,促进果胶渗出,增加果胶与果胶的亲和力,防止果胶分层及沉淀产生,使果蔬汁保持均一稳定。

(7)脱气

排除氧气是脱气的本质,常用的方法有真空脱气法、氮气置换法、酶法脱气、加抗氧化剂脱气。

(8)调酸

为使果蔬汁有理想的风味,并符合规定要求,需要适当调节糖酸比。应当保持果蔬汁原有风味,调整范围不宜过大,一般糖酸比为13:1~15:1为宜。

(9)浓缩

果蔬汁的浓缩过程实质上是排除其中水分的过程,将其可溶性物提高到65%~68%,提高了糖度和酸度,可延长贮藏期。浓缩的果蔬汁体积小,可节约包装,方便运输。生产浓缩果蔬汁时,理想的浓缩果蔬汁应有复原性,在稀释和复原时应保持原果蔬汁的风味、色泽、浑浊度、成分等。常用浓缩果蔬汁的方法有真空浓缩法、冷冻浓缩法、反渗透与超滤工艺、干燥浓缩工艺。

(10)杀菌

杀菌是杀灭果蔬汁中污染的细菌、霉菌、酵母及钝化酶活性的操作。杀菌时,为了保持新鲜果蔬汁的风味,应控制果蔬汁加热的时间及温度,以保证果蔬汁有效成分损失降到最低限度。一般采用高温短时间杀菌法,又称瞬间杀菌法,条件是93±2 ℃保持15~30 s,特殊情况下可采用120 ℃以上的温度,保持3~10 s。

杀菌时间太长、温度过高会破坏成品的色泽和滋味,有一定的煮熟味;时间太短、温度过低则达不到杀菌效果。

5. 包装和贮藏

包装后的产品送至2~4 ℃冷库可暂时贮藏2~3周;如需长期贮藏,则需放置于-18 ℃冻库进行贮藏。

6. 卫生标准

根据GB 7101—2015《食品安全国家标准 饮料》卫生标准,菌落总数/(CFU/mL)≤10^4,大肠菌群(MPN/100 mL)≤10,霉菌(CFU/mL)≤20,酵母(CFU/mL)≤20,致病菌不得检出。

7. 感官评定

感官评定标准

评定指标	评定标准	分数
色泽(权重35%)	具有与标示的该种(或几种)水果和蔬菜相符的色泽	100—70
	较具有与标示的该种(或几种)水果和蔬菜相符的色泽	70—35
	不具有与标示的该种(或几种)水果和蔬菜相符的色泽	35—0
组织状态(权重30%)	无外来杂质,无气泡	100—70
	有少许杂质,有气泡	70—35
	有较多杂质,有气泡	35—0
滋味和气味(权重35%)	具有与标示的该种(或几种)水果和蔬菜相符的滋味和气味	100—70
	较具有与标示的该种(或几种)水果和蔬菜相符的滋味和气味	70—35
	不具有与标示的该种(或几种)水果和蔬菜相符的滋味和气味	35—0

五、思考题

1.分析在不同果蔬汁加工时应如何选择护色剂。

2.分析加工过程中糖酸比的调整对产品风味和稳定性的影响。

六、参考文献

[1]茅周祎.混合果蔬汁稳定性的研究[J].食品工业,2018,39(6):13-17.

[2]王小云,孙红艳,周剑武,等.猕猴桃-胡萝卜果蔬饮料制取工艺研究[J].食品研究与开发,2014,35(11):53-57.

实验三

微波膨化果蔬片的加工

一、实验目的

1.了解微波膨化果蔬的原理。

2.掌握微波膨化苹果片的加工方法和关键技术。

二、实验原理

　　微波膨化是近年发展起来的一种新型果蔬干燥技术,所得产品绿色天然、营养丰富、食用方便并且加工时间短,极大地提高了生产效率,降低了生产成本。其原理是将微波能转换为热能,使果蔬原料内部水分快速蒸发产生较高的内部蒸汽压,促使果蔬原料膨化。目前的研究表明,微波膨化可用于苹果、南瓜、猕猴桃等果蔬脆片的加工。

三、实验材料与设备

1. 实验材料

新鲜苹果、柠檬酸、氯化钠、维生素C。

2. 实验设备

不锈钢盆、不锈钢锅、电磁炉、去皮机/不锈钢刀具、切片机/不锈钢刀具、电热鼓风干燥箱、微波炉、真空干燥箱、天平、托盘台秤、糖度计等。

四、实验内容

1. 原料的选择和预处理

市售新鲜苹果,无伤痕,清洗干净备用。

2. 配方

护色液配方:1 L护色液中添加3 g维生素C、2 g柠檬酸、1 g氯化钠。

3. 工艺流程

原料预处理→去皮、去核、切分→分选、修整→护色→气流干燥→微波膨化干燥→真空干燥→分选、包装。

4. 操作要点

（1）去皮、去核、切分

经过清洗后的苹果用相应的工具或机械进行去皮，去皮厚度要均匀，尽可能控制在1 mm左右；去完皮的苹果再去核，去核应根据苹果大小采用相应的去核工具进行去核；切分应根据要求的形状（如苹果圈、月牙形片、苹果瓣等）、厚度（一般为6~8 mm）等规格进行操作。

（2）分选、修整

切分后的苹果片（圈）要及时分选，去除断片、碎片、严重褐变、厚薄不均等不合格品。筛选出含核粒、局部带皮或有斑点的苹果片，用不锈钢小刀进行修整去除，以保证全部为合格品，然后进入下道工序。

（3）护色

经分选、修整后的苹果片要及时进行护色。护色液约是物料质量的1.5倍，浸泡时间为0.5~1h，可加盖压物以保证物料全部浸没在护色液中。

（4）气流干燥

①装筛：将护色后的苹果片捞出后装框，用自来水冲洗净表面的护色液，装筛时苹果片不可重叠，要单层均匀摆放。

②干燥：将装好筛的苹果片置于电热鼓风干燥箱中，在65~70℃恒温条件下进行干燥，时间需1.5~2 h。

③均湿：将上述干燥好的苹果片迅速装入密闭容器内，使片与片之间的水分逐步达到平衡一致。

（5）微波干燥

经过水分平衡后的苹果片进行微波干燥，微波干燥的主要目的是通过微波的作用使苹果片产生一定的膨化效果，同时也具有干燥脱水作用。微波功率选择500~700 W，干燥时间为3~5 min，通过微波干燥，使物料水分下降5%~10%，最终含水率为10%~15%。经微波干燥后的苹果片要进行分选，剔除烤焦、碎片、严重变形等不合格品。

去皮、去核、切分所用的刀具材料必须是不锈钢。

去皮、去核或切分后的苹果如不能及时转入下一道工序，则需投入护色液中，以防褐变。

气流干燥时的干燥终点是以物料含水量为标准来判定的，本实验要求气流干燥终点的含水量控制在20%~25%。

微波功率应严格控制，不同物料所需的参数不同，应通过不断调试加以确定，以最终实现理想的膨化效果又不导致物料烤焦（产生糊味）为准。

（6）真空干燥

将分选后的合格物料均匀地摆放在烘盘上,厚度为2~3 cm,然后把烘盘放入烘箱中,放置烘盘时按先上后下的顺序,放置烘盘的速度要快,尽量一次放完,然后关闭箱门,启动真空泵并加热干燥。真空干燥温度控制在50~55 ℃,真空度不低于0.8 MPa,干燥可设置每隔0.5 h,自动破真空,以保持苹果片的膨化效果。真空干燥终点控制以物料含水率3%~5%为准,具体干燥时间应通过不断试验及目测法加以确定,以苹果片冷却后酥脆为基本判断依据。一般来说,苹果片的真空干燥时间为2~3 h。

（7）分选、包装

从真空干燥箱出来的苹果片要及时进行分选,不允许长时间曝露在空气中（不宜超过30 min）以防回潮。

5. 包装和贮藏

充氮包装,常温避光贮藏。

6. 卫生标准

菌落总数（CFU/g）≤1000,大肠菌群（CFU/g）≤10,霉菌（CFU/g）≤150。

7. 感官评定

感官评定标准

评定指标	评定标准	分数
色泽（权重30%）	呈浅黄色,表面平整,无烧伤	100—70
	呈黄色,表面较平整,局部烧伤	70—35
	呈黄褐色,表面不平整,烧伤严重	35—0
风味（权重35%）	具有较浓的苹果香味	100—70
	具有较淡的苹果香味	70—35
	无苹果香味,有焦煳味或其他异味	35—0
质地（权重35%）	口感酥脆,膨化适中	100—70
	口感酥脆,膨化不佳	70—35
	柔软不脆	35—0

五、思考题

1. 微波膨化苹果片为什么还要进行护色处理?

2. 列举本实验主要的影响因素,并简述其对干燥速率有何影响。

六、参考文献

［1］马超,李新胜,安东,等.热风联合微波干燥膨化苹果脆片工艺研究[J].食品工业,2015,36(03):31-34.

［2］卢晓会,黄午阳,李春阳.微波膨化苹果脆片的响应曲面法优化分析[J].南方农业学报,2011,42(02):188-191.

［3］中华人民共和国国家卫生和计划生育委员会.食品安全国家标准 膨化食品:GB 17401—2014[S].北京:中国标准出版社,2014.

实验四

膨化玉米片的加工

一、实验目的

1. 了解膨化食品制作的基本原理。
2. 掌握膨化食品的制作工艺和质量评价方法。

二、实验原理

目前挤压膨化加工技术已经广泛应用于食品加工业,原料在挤压机中通过混合、搅拌、粉碎、加热、杀菌、膨化到成型,变成了结构疏松、多孔的膨化产品。如将脱皮脱胚的玉米进行高度膨化,制成不同等级的α-淀粉,可用于食品工业、医疗业、铸造和涂料工业。在玉米挤压膨化的过程中,通过对摩擦剪切程度的调控,可以生产出不同淀粉降解的产品,与一般滚筒干燥的α-淀粉相比,挤压膨化的淀粉黏度较低,应用范围更广。

三、实验材料与设备

1. 实验材料

新鲜的干玉米粒(超市购买,脱粒后经过烘干工艺)。

2. 实验设备

不锈钢托盘或盆、天平、膨化机、烘箱等。

四、实验内容

1. 原料的选择和预处理

玉米粒去除杂质,去皮脱胚。

2. 工艺流程

玉米→预处理→粉碎、拌料→挤压膨化→切割→冷却→压片→烘烤→包装成品。

3. 操作要点

（1）粉碎、拌料

用磨粉机将原料磨至50~60目。选用转叶式拌粉机配料,加水量一般为22%左右,搅拌至水分分布均匀。

（2）挤压膨化

将配好的物料加入单螺杆或双螺杆挤压膨化机中,在出口模板连续、均匀、稳定地挤出条形物料,完成膨化过程。

（3）切割

物料在挤出膨化的同时,由模头前的旋转刀具切割成所需要的大小均匀的颗粒。

（4）冷却

切割成型后的球形颗粒,通过吹风冷却,使产品温度降低到50 ℃左右,水分含量为16%左右,颗粒表面硬化。

（5）压片

冷却后的颗粒通过压片机轧成薄片,压片厚度为0.3 mm左右,压片后的半成品应表面平整,大小一致,内部组织均匀,水分含量为12%左右。

（6）烘烤

烘烤操作可采用烘箱,烘烤时间为5~15 min,水分含量为5%左右即可。

（7）包装成品

烘烤后的成品冷却后,进行包装。

4. 包装和贮藏

密封或充氮密封包装,常温避光贮藏。

5. 卫生标准

菌落总数（CFU/g）≤1000,大肠菌群（CFU/g）≤10,霉菌（CFU/g）≤150。

膨化和切割均由膨化机一次性连续完成,可以通过调整刀具转速改变切割长度,切割后的小颗粒形成大小一致的球形膨化半成品,膨化成型的球形颗粒应该表面光滑,无相互粘连的现象。

6. 感官评定

感官评定标准

评定指标	评定标准	分数
色泽(权重30%)	金黄色	100—70
	土黄色;淡黄色	70—35
	灰白色	35—0
滋味(权重35%)	香味浓郁;玉米味浓;酥脆不粘牙	100—70
	较香,淡香;稍有玉米味或基本无玉米味;酥脆但有些粘牙,或太硬	70—35
	基本无香;淡且无味;既硬又韧	35—0
组织形态(权重35%)	薄厚均匀,外形整齐,内部组织疏松多孔且表面多泡点,无肉眼可见杂质	100—70
	薄厚较均匀,外观较整齐,内部组织较疏松且表面有少量泡点,少量杂质	70—35
	薄厚不均,外观大小不一,组织致密表面无泡点,杂质较多	35—0

五、思考题

1.膨化过程会对玉米粉的营养价值产生哪些影响?

2.简述膨化加工工艺的原理、应用范围和加工过程的优缺点。

六、参考文献

[1] 田海娟,朱珠,张传智,等.含豆渣粉玉米片挤压膨化工艺研究[J].食品研究与开发, 2014,35(19):71-74.

[2] 中华人民共和国国家卫生和计划生育委员会.食品安全国家标准 膨化食品:GB 17401—2014[S].北京:中国标准出版社,2014.

[3] 于潇雪.不同干湿玉米比例与膨化玉米品质相关性的研究[D].哈尔滨:东北林业大学, 2016.

实验五

毛霉型豆豉的加工

一、实验目的

1. 了解豆豉制作的基本原理。

2. 掌握制作毛霉型豆豉的基本工艺流程及其要点。

二、实验原理

豆豉是以大豆或黑豆为主要原料,经微生物发酵、调味酿制而成的固态颗粒状豆制品。豆豉的种类有很多,根据微生物种类分为曲霉型豆豉、毛霉型豆豉、根霉型豆豉和细菌型豆豉。传统毛霉型豆豉为开放式自然发酵生产,具有季节性和选择性,因此本实验采用纯种毛霉作为发酵剂进行生产。

三、实验材料

1. 实验材料

黄豆、总状毛霉、食盐、醪糟、白酒。

2. 实验设备

竹编簸箕、恒温培养箱、发酵坛、小型匀浆机、天平、温度计、恒温水浴锅、不锈钢锅。

四、实验内容

1. 原料的选择和预处理

选择成熟充分,颗粒饱满均匀,新鲜,蛋白质含量高,无虫蛀,无霉烂变质及杂质少的大豆。

2. 配方

1 kg黄豆原料加入食盐180 g、醪糟水40 g、白酒30 g、水60~100 g。

3. 工艺流程

菌种活化→菌种扩大培养
↓

黄豆→清洗→浸泡→沥干→蒸煮→冷却→接种→制曲→拌料→后发酵→豆豉。

4. 操作要点

(1)菌种扩大培养

选取菌体生长良好的试管斜面培养基,向试管中加入 1 mL 无菌水,轻轻地将菌体刮下,制成菌悬液。将制好的菌悬液与麸皮培养基混合均匀,于 28 ℃恒温箱培养 3 d。

(2)浸泡

加水淹没豆子,10~15 ℃浸泡 9~12 h,15~20 ℃浸泡 7~9 h,20~25 ℃浸泡 5~7 h,25~30 ℃浸泡 3~5 h,30~35 ℃浸泡 2~3 h,使豆子的含水量达到 45%左右,90%以上豆粒表皮无皱纹。

(3)蒸煮

常压下蒸煮 2 h 或加压 0.14 MPa 保持 20~30 min,使豆粒煮熟有豆香味,无煳味及不良气味,松散、柔软、无硬心、不黏、无浮水,豆子含水量为 50%左右。

(4)冷却

放入恒温室中自然冷却至 32 ℃。

(5)接种

接种量按大豆的 0.3%~0.5%计算,即麸皮种子菌与大豆的百分比为 0.3%~0.5%。把三角瓶中的种子菌与黄豆充分拌均匀。

(6)制曲

将接种后的黄豆摊在簸箕上,保持室温 28 ℃,制曲 3 d。摊料时要做到四周厚,中间薄。料层 2~3 cm 高。要求曲坯疏松,无硬块,呈褐绿色,表皮菌丝丰满,孢子量大,曲香气浓,不带酸味和异臭味。

(7)配料

将成块状的曲坯制成颗粒状,加入食盐、水,调整初醅水分含量在 45%左右。拌匀后浸焖 1 d,然后加入白酒、醭糟水等拌匀。拌合工序要求精细操作,使辅料分布和浸渍均匀,不能损伤豆皮。入坛曲坯要求菌丝紧裹豆坯,表面无明水出现,无背籽,无食盐颗粒及其他杂质。

(8)发酵后熟

将拌料后的曲料分装至发酵坛中,室温下发酵 6~8 月。

豆豉装坛后需要稍稍压实,然后在表面洒些白酒。保持发酵坛清洁,确保后期的正常发酵。经常检查坛盖槽是否有水,并且经常换水,一般冬季一月两次,夏季一周一次。

5. 包装和贮藏

豆豉装入具有发酵槽式结构的专用坛中,加盖水封后贮存于清洁、阴凉、干燥、通风良好的室内。

6. 卫生标准

项目	指标
黄曲霉毒素 B_1/(μg/kg)	≤5
总砷(以 As 计)/(mg/kg)	≤0.5
铅(Pb)/(mg/kg)	≤0.1
大肠菌群/(MPN/100 g)	≤30
致病菌(沙门氏菌、志贺氏菌、金黄色葡萄球菌)	不得检出

7. 感官评定

感官评定标准

评定指标	评定标准	分数
色泽(权重25%)	深褐色,油亮有光泽	100—70
	黄褐色,稍有光泽	70—35
	黄色,无光泽	35—0
香气(权重25%)	豉香浓郁	100—70
	有豉香	70—35
	生豆味,无豉香	35—0
滋味(权重25%)	风味好,有鲜味,无苦味、霉味或其他异味,咸淡适口	100—70
	风味一般,无苦味、霉味或其他异味,咸淡适口	70—35
	风味不足,有苦味、霉味或其他异味,过咸或过淡	35—0
形态(权重25%)	豆粒呈颗粒状,柔软,松散成型	100—70
	豆粒呈颗粒状,较柔软,松散成型	70—35
	豆粒太硬或软烂	35—0

五、思考题

1. 发酵后熟阶段的作用是什么?

2. 毛霉型豆豉与曲霉型豆豉、根霉型豆豉与细菌型豆豉有何差异?

六、参考文献

[1] 张仁凤.霉菌纯种制曲豆豉在发酵过程中生物胺的变化研究[D].重庆:西南大学,2018.

[2] 杜连起.风味酱类生产技术[M].北京:化学工业出版社,2006,43-48.

[3] 周玉兰,陈延祯.毛霉豆豉生产工艺过程及营养价值分析[J].中国调味品,2009,34(5):89-91,94.

[4] 杨伊磊,李梦丹,陈力力,等.毛霉型豆豉后发酵工艺条件的优化研究[J].中国酿造,2015,34(10):23-26.

实验六

低温压榨法生产花生油

一、实验目的

1.了解低温压榨法生产花生油的原理。

2.初步掌握低温压榨法生产花生油的生产工艺流程。

二、实验原理

低温压榨花生油是以经过清理、去壳(红衣)、色选的优质花生仁为原料,在花生蛋白质的变性温度(70 ℃)以下经破碎、轧坯、调质、压榨得到的毛油,再经除杂精制而成的保留了花生原有的香味、滋味和营养物质的可食用花生油。

三、实验材料与设备

1. 实验材料

花生果或花生仁。

2. 实验设备

榨油机、不锈钢盘、烘箱等。

四、实验内容

1. 原料的选择和预处理

选择清洁无霉变花生果或花生仁。

2. 工艺流程

花生果→清理→剥壳→花生仁→破碎→脱种皮(红衣)→低温压榨→原油→沉降、过滤→低温压榨花生油。

3. 操作要点

（1）清理

去除花生果中的杂质。

（2）剥壳

剥去花生果的果壳得到花生仁。

（3）脱种皮

将花生仁用60~70 ℃热风快速烘烤，再迅速冷却至室温，使用适当工具脱花生种皮，去除种皮。

（4）破碎

用小型粉碎机或者用手工工具将花生仁破碎成小颗粒。

（5）压榨

对螺旋榨油机压榨，将物料喂入榨油机进料口，通过调节设备参数使压榨温度维持在花生蛋白变性温度（70 ℃）以下，经压榨得到花生原油。

（6）沉降、过滤

原油放入容器中避光贮藏，3~5 d后，用过滤网进行过滤，除去肉眼可见的杂质。

（7）包装成品

沉降过滤后的花生油，用透明塑料瓶进行包装。

4. 包装和贮藏

密封包装。贮存于温度为5~20 ℃，干燥及避光环境中。

5. 卫生标准

目前实行的国家及地方标准中对微生物指标没有限制要求。

6. 感官评定

感官评定标准

评定指标	评定标准	分数
色泽（权重30%）	淡黄色至橙黄色	100—70
	色泽中等	70—35
	色泽过深或过浅	35—0

本实验是在生产技术规范的基础上调整了工艺流程，删减了其中的一些工艺流程（色选、轧坯、调质等），选择适合实验室的操作，在实际生产中，压榨后的原油的沉降和过滤环节对于花生油的品质是非常重要的，都需要有专门的设备来进行。

续表

评定指标	评定标准	分数
气味(权重35%)	具有花生油固有的气味,无异味	100—70
	较具有花生油固有的气味,无异味	70—35
	具有难闻的气味,如酸败味	35—0
透明度(权重35%)	清亮透明,杂质少	100—70
	稍浑浊,杂质稍多	70—35
	浑浊,呈微褐色或深褐色,杂质较多	35—0

五、思考题

1.热榨法和低温压榨法生产的花生油的优缺点各是什么?

2.现行最新的国家标准中,对于花生油的理化指标要求是什么?

六、参考文献

[1] 中华人民共和国农业部.低温压榨花生油生产技术规范:NY/T 2786—2015[S].北京:中国标准出版社,2014.

[2] 中华人民共和国国家质量监督检验检疫总局,中国国家标准化管理委员会.花生油:GB/T 1534—2017[S].北京:中国标准出版社,2017.

[3] 王洋.低温和高温压榨花生油性质的比较研究[J].现代农业,2015(05):6-8.

川味香肠的加工

一、实验目的

1. 了解川味香肠制品的生产工艺过程。

2. 了解川味香肠的配方。

二、实验原理

1. 色泽的形成：与中式香肠呈色原理相同，川味香肠的色泽也是亚硝酸盐和硝酸盐的发色作用所致。

2. 香肠风味的形成是在组织酶、微生物酶的作用下，由蛋白质、浸出物和脂肪变化的混合物形成，包括羰基化合物的集聚和脂肪的氧化分解。

三、实验材料

1. 实验原料

新鲜猪肉（瘦肉和肥肉）、腌制肠衣或干肠衣、食盐、辣椒面、花椒面、白酒、五香粉等。

2. 实验设备

绞肉机、斩拌机、灌肠设备、杀菌锅、刀、菜板等。

四、实验内容

1. 原料的选择和预处理

卫生检疫合格的新鲜猪后腿肉和肥膘，清洗、切丁、温水热漂去浮油，沥干备用。

2. 配方

瘦肉750 g，肥肉250 g。其他调料按肉重1 kg计，超细二荆条辣椒面3 g左右，超细子弹头辣椒面10 g左右，超细汉源花椒面2 g左右，盐25 g左右，60度以上的四川浓香型纯粮食白酒25 mL，冰糖粉10 g左右，葡萄糖粉20 g左右，特制五香粉5 g左右。

3. 工艺流程

原料肉预处理→拌馅→灌制→烘烤或日晒→晾挂成熟→成品。

4. 操作要点

(1)肠衣的准备

为简化加工过程,可直接购买成品盐渍肠衣,一般放入清水池中浸泡1~2 h,洗净内外表面的油脂,沥干备用。

(2)切片

将肥瘦肉分开来切,瘦肉可以切大片一点,肥肉按瘦肉的一半大小来切即可。

(3)拌馅

将切好的肉片放在一起调味并拌匀,可按照上述配方进行调味,也可以根据个人口味进行调整。

(4)灌制

灌制可采用手动灌制或灌肠机自动灌制,在该过程中要注意灌制速度,因为天然肠衣较薄易破裂,每节香肠的长度最好控制在12~15 cm,灌制结束后,用针头或牙签在肠衣上不均匀地戳一些小孔,以便后续烘干或晾晒时排出内部的气体。

(5)漂洗

用清水冲洗掉肠衣表面的肉沫和油脂,减少微生物的污染。

(6)烘干或晾晒

65~75 ℃热风干燥12 h,或者日晒4~6 d,以肠衣干缩均匀为佳。

5. 包装和贮藏

根据GB/T 23493—2009《中式香肠》规定,产品应贮存在干燥、通风良好的场所,不能与有毒、有害、有异味、易挥发、易腐蚀的物品同处贮存。

6. 卫生标准

根据GB 2730—2015《食品安全国家标准 腌腊肉制品》规定执行。

腌制时,注意在低温下腌制,且要搅拌均匀。

灌制时注意灌制速度,避免速度过快撑破肠衣。

7. 感官评定

感官评定标准

评定指标	评定标准	分数
色泽(权重25%)	瘦肉呈红色、枣红色,脂肪呈乳白色,外表有光泽	100—70
	瘦肉呈枣红色,脂肪部分呈乳白色,外表光泽较暗淡	70—35
	瘦肉呈紫色,脂肪呈灰红色,外表无光泽	35—0
香气(权重25%)	腊鲜味纯正浓郁,具有中式香肠固有的香味	100—70
	腊鲜味较浓郁,具有一定中式香肠固有的香味	70—35
	腊鲜味不突出,不具有中式香肠固有的香味	35—0
形态(权重25%)	外形完整、均匀,表面干爽呈收缩后自然皱纹明显	100—70
	外形较完整、较均匀,表面干爽呈收缩后自然皱纹较明显	70—35
	外形不完整、不均匀,表面干爽呈收缩后自然皱纹不明显	35—0
滋味(权重25%)	滋味鲜美,口感均匀,咸甜适中	100—70
	滋味较好,口感平稳,咸甜适中	70—35
	滋味差,口感粗糙,偏咸或偏甜	35—0

五、思考题

1. 探讨不同的辣椒品种对香肠风味的影响。
2. 分析加工过程中可能存在的安全隐患以及应该如何避免。

六、参考文献

王新惠,张雅琳,刘洋,等.香肠发酵和成熟过程中食用安全性探析[J].中国调味品,2018,43(9):130-133.

实验八

全蛋粉的加工

一、实验目的

1.了解喷雾干燥的原理和适用范围。

2.掌握喷雾干燥机的使用方法以及喷雾干燥全蛋粉的操作流程。

二、实验原理

全蛋粉是以蛋为原料,经清洗、去壳、过滤、冷却、添加(或不添加)食品添加剂、均质、杀菌、干燥、过筛、包装等工艺生产的蛋制品。全蛋粉的生产主要采用喷雾干燥的加工方式,通过一定的机械作用,将蛋液分散成雾一样的微粒,使其与热空气接触,在瞬间将大部分水分除去,获得可食用的、保留了鲜蛋营养与风味的全蛋粉产品。

三、实验材料与设备

1. 实验材料

新鲜鸡蛋。

2. 实验设备

水浴锅、高速离心机、电子天平、恒温干燥箱、不锈钢盆等用具。

四、实验内容

1. 原料的选择

选择新鲜、完整的鸡蛋。

2. 工艺流程

原料鲜蛋感官检验→清洗→带壳消毒→晾蛋→打蛋去壳→过滤→均质→巴氏消毒→喷雾干燥→粉体收集→包装。

3. 操作要点

（1）原料的验收

对鲜蛋进行检查，挑选出破壳、损壳、裂纹等不良蛋。

（2）清洗及消毒

用清水洗净鸡蛋壳表面的粪便、泥土等杂质，洗净的蛋再用流动清水冲洗，并对蛋壳进行消毒。配制有效氯浓度为 800 ~1200 mg/L 的漂白粉溶液，将蛋在溶液中浸泡 5 min，即达到杀菌目的。蛋取出后再用灭菌水浸泡冲洗，以除去蛋壳表面的残余氯。

（3）打蛋

将蛋壳打破，蛋液倒入适当的容器内，打蛋时应使用人工或机械逐个破壳，不宜使用挤压破壳法进行打蛋，以避免微生物污染和异物污染。

（4）过滤和均质

蛋液须经过 40 目的过滤器过滤，过滤后的蛋液放入均质压力为 2.5 kPa 均质机中均质 5 min。

（5）巴氏消毒

全蛋液经过 63~64 ℃消毒 3.5 min，消毒后立即贮存于蛋液槽内，迅速进行喷雾。有时因蛋黄液黏度大，可少量添加无菌水，充分搅拌均匀后，再进行巴氏消毒。

（6）喷雾干燥

设置好相应的进风温度、风机转速、喷雾流速、喷雾压力等参数后，启动风机对巴氏消毒后的蛋液进行喷雾干燥。在未喷雾前，干燥塔的温度应在 120~140 ℃，喷雾后温度则下降到 60~70 ℃。在喷雾过程中，热风温度应控制在 150~200 ℃，蛋粉温度控制在 60~80 ℃。

（7）粉体收集

将喷雾干燥得到的蛋粉收集在容器内，待冷却后进行包装。

4. 包装和贮藏

密封包装。贮存温度为 5~20 ℃，干燥及避光保存。

5. 卫生标准

菌落总数（CFU/g）≤1000，大肠菌群（CFU/g）≤10，霉菌（CFU/g）≤150。

蛋液巴氏杀菌后，如不能立即进行下一步加工，应立即冷却到 7 ℃以下暂存。巴氏杀菌后的每个阶段都应采取控制措施保护各类产品防止其受到污染。

6. 感官评定

感官评定标准

评定指标	评定标准	分数
色泽(权重35%)	均匀的淡黄色	100—70
	淡黄色较均匀	70—35
	颜色深浅不一	35—0
组织形态(权重30%)	呈粉末状或极易松散的块状	100—70
	少量颗粒或有少量结块不易松散	70—35
	颗粒明显或结块较多	35—0
气味(权重35%)	具有禽蛋的正常气味,无异味	100—70
	蛋香味较淡,或有少许异味	70—35
	无蛋香味,或异味较重	35—0

五、思考题

1. 喷雾干燥法制备全蛋粉、蛋黄粉,以及蛋白粉的加工工艺流程有什么主要区别?

2. 如何在加工过程中更好地保持鸡蛋的营养成分不损失?

六、参考文献

[1] 中华人民共和国国家质量监督检验检疫总局,中国国家标准化管理委员会.蛋与蛋制品术语和分类:GB/T 34262—2017 [S].北京:中国标准出版社,2017.

[2] 赵媛,苏宇杰,杨严俊.全蛋粉喷雾干燥工艺研究[J].安徽农业科学,2015,43(15):243-246.

[3] 中华人民共和国国家卫生和计划生育委员会.食品安全国家标准 蛋与蛋制品:GB 2749—2015[S].北京:中国标准出版社,2015.

[4] 中华人民共和国国家质量监督检验检疫总局,中国国家标准化管理委员会.制品生产管理规范:GB/T 25009—2010 蛋[S].北京:中国标准出版社,2010.

实验九

西式火腿的加工

一、实验目的

1.掌握西式火腿加工的基本原理及加工工艺过程。

2.了解磷酸盐的作用及其在西式火腿生产中的应用。

二、实验原理

西式火腿品种较多,除用整只猪腿加工火腿外,还有用小块肉加工的成型火腿,以及用肉块、肉馅混合制成的压制火腿。西式火腿一般由猪肉加工而成,肉块、肉粒或肉糜加工后黏结为一体的黏结力来源于两个方面:①西式火腿经过腌制,尽可能促使肌肉组织中的盐溶性蛋白溶出;②加工过程中适量地加入添加剂,如卡拉胶。西式火腿经机械切割、嫩滑处理及滚揉过程中的摔打撕拉,使肌纤维彼此之间变得疏松,再加之选料的精良和高含水量,保证了西式火腿的鲜嫩特点。

三、实验材料

1. 实验材料

猪后腿肉、精盐、白糖、亚硝酸钠、嫩肉粉、腌制剂、香辛料、水(符合国家饮用水标准)、大豆分离蛋白、变性淀粉等。

2. 实验设备

盐水注射机、真空滚揉机、灌肠机、烟熏炉、切片机、拉伸膜包装机、刀具、盆、秤、斩拌机等。

选择优质的原料肉,原料肉的质量好坏会直接影响西式火腿的质量。一般选择的原料肉要有光泽、淡红色、纹理细腻、肉质柔软、脂肪洁白,pH在5.8~6.4最为适宜,如果pH太低或太高,会造成原料肉对后一环节黏着力不强,使产品表面或断面太湿;若原料肉被细菌污染,尤其是产气荚膜梭菌污染,易造成产品表面或断面有大量空洞。

滚揉的目的:

a)使肉质松软,加速盐水的渗透和扩散,促使肉质发色均匀。

b)促进盐溶性蛋白质的外渗,表面形成黏糊状物质,增加肉块间的黏着力及持水力,使制品不松散。

c)加速肉块的自溶自熟,改善最终产品的风味。

滚揉的鉴定标准:

a)肉的柔软度,手按压肉块无弹性,中心与外表柔软度一致。握住肉的一部分将其竖起,上半部分即倒垂下来,毫无硬性感,具有任意造型的可塑性。

b)肉表面均匀包裹凝胶物,原料肉的块状和色泽清晰可辨,将肉块表面凝胶物抹去,明显有糊感,但糊而不烂,整个肉块仍基本完整。

c)肉的黏度,将黏在一起的两块肉,拎起其中一块,黏在一起的另一块短时间内不会掉下来。

d)肉表面色泽一致,呈均匀的淡红色。

四、实验内容

1. 原料的选择和预处理

选择经卫生检验合格的猪后腿肉,剔除骨头、肥膘和组织内较粗的筋膜,要求无油污、无碎骨、无伤肉、无淤血、无毛及其他杂质。分割成50 g大小的肉块,脂肪含量不超过2%。为了增大肉块的表面积,可在肉块表面上划上几刀。

2. 配方

瘦肉以100 g重计,配方如下。

腌制液:称取5 g水,再加入2.5 g食盐,0.015 g亚硝酸钠,0.06 g异抗坏血酸,0.1 g多聚磷酸钠,0.2 g焦磷酸钠,0.8 g白砂糖。

原辅料:称取100 g瘦肉,10 g肥膘,0.5 g胡椒粉,1.53 g大豆蛋白,58 g淀粉。

3. 工艺流程

原料验收→修整→切块→腌制→斩拌、滚揉→混合→定量灌肠→装模→蒸煮→冷却→成品。

4. 操作要点

(1)盐水注射

将配好的腌制液采用多针头盐水注射器均匀注入肌肉中,注射量为肉重的20%~25%,盐水温度为8~10 ℃。

(2)腌制

将注射过盐水的肉块,于0~4 ℃环境下腌制24~48 h。

(3)真空滚揉

将腌制后的肉块少部分斩拌为肉糜,大部分放入真空滚揉机进行滚揉,这是西式火腿加工的一个关键步骤。一般滚揉时间为4 h,在滚揉快结束时按比例加入淀粉、大豆蛋白及调味料,再继续滚揉10 min,以保证其分布均匀。

（3）混合

将斩拌好的少部分肉糜与滚揉后的肉块混合均匀,使肉块之间无空隙。

（4）灌肠

将混合均匀的原料肉灌入预先按要求准备好的肠衣,并两端打上铝卡。

（5）蒸煮

预先在蒸煮锅内加入清洁水,预热到85 ℃放入模具,将水温恒定在80 ℃蒸煮2 h。低温蒸煮保持了肉原有的组织结构和天然成分,营养成分破坏少,使产品具有营养丰富、口感嫩滑的特点。

（6）冷却

蒸煮好的产品,放入冷水中进行冷却,冷到不太烫手时,脱去模具,即为成品,可包装入库贮藏。

5. 包装和贮藏

装好的火腿立即送入2~4 ℃的冷库内贮存。但在2 ℃的冷库内最多能存放3~4周,否则易变质;若要延长贮藏期,则应转入-18 ℃的冷库内保存。由于低温冻藏将严重影响火腿风味,故应根据市场需求而确定贮藏温度。

6. 感官评价

感官评定标准

评定指标	评价标准	分数
色泽(权重25%)	色泽粉红诱人,均匀一致,有光泽	100—70
	色泽粉红,较均匀,光泽不明显	70—30
	色泽灰暗,不均匀,无光泽	30—0
切片性(权重20%)	切面完整,组织细密,表面没有积水,没有气泡	100—70
	切面较完整,组织较细密,表面有少量的积水,气泡较少	70—30
	切面塌陷,组织不细密,表面有积水,有很多气泡	30—0
组织状态(权重10%)	肠体干爽,密封完整,无变形,断面组织紧密	100—70
	粗细不太均匀,组织不紧密,稍有变形	70—30
	粗细不均匀,组织稀松,变形	30—0
风味(权重20%)	咸淡适中,口感纯正,有猪肉独特的香味,无异味	100—70
	咸淡较适中,口感较纯正,稍有异味	70—30
	口感不纯正,无猪肉香味,有明显异味	30—0

续表

评定指标	评价标准	分数
口感(权重25%)	口感细腻均匀	100—70
	口感较细腻较均匀	70—30
	口感粗糙不均匀	30—0

7. 卫生标准

参考 GB 2726—2016《食品安全国家标准 熟肉制品》规定执行。

五、思考题

1.西式火腿加工过程中滚揉的目的是什么?

2.西式火腿加工过程中磷酸盐的作用是什么?

六、参考文献

[1] 余德敏.西式火腿加工工艺及其质量控制[J].肉类工业,2007(02):7-9.

[2] 杨勇胜,彭增起.滚揉和腌制液对西式火腿品质的影响[J].肉类研究,2010(12):21-25

[3] 郭莎莎.抗氧化剂、加工和贮藏条件对火腿品质及亚硝酸盐转化途径的影响[D].泰安:山东农业大学,2017.

[4] 中华人民共和国国家食品药品监督管理总局,国家卫生和计划生育委员会.食品安全国家标准 熟肉制品:GB 2726—2016 [S].北京:中国标准出版社,2016.

实验十

虾肉干的制作

一、实验目的

1.将虾开发成品质优良、具有较好脆度、易于保藏、便于携带的风味休闲干肉制品。

2.通过降低食品中的水分活度来抑制微生物的生长,减少化学反应所需的自由水,延长虾的货架期。

二、实验原理

干肉制品又称肉脱水干制品,是肉经过预加工后利用自然或人工方法脱出肉中一定量的水分,将其水分活度降低到微生物难以利用的程度而制成的一类熟肉制品。真空微波干燥是利用微波和真空联合干燥的一种干燥技术,既充分利用微波干燥的均匀性、快速、易于控制的特点,又利用水蒸气在真空的条件下能快速蒸发的特点,能较好地保持食品原有的风味。虾干制品因其保存时间久、营养好、便于携拿、口味鲜美等优点而备受消费者青睐。

三、实验材料和设备

1. 实验材料

鲜虾或冷冻虾、纱布、各种调料(食盐、白砂糖、洋葱粉、大蒜粉、生姜粉、辣椒粉、味精、醋、黄酒)。

2. 仪器设备

电子天平、蒸锅、电磁炉、真空微波干燥机。

原料采用新鲜或无腐败变质的冷冻(解冻)虾。

四、实验内容

1. 原料的选择和预处理

原料应采用个体适中、尾长相近的新鲜虾或无腐败变质的冷冻虾,包括无伤、体表光滑、无烂眼、烂尾等。

2. 配方

根据消费者不同的喜好,可以设计多种口味的调味液浸泡,下面是几种常见口味。

五香味:100 mL水中加入大蒜粉0.5 g、白胡椒粉0.5 g、生姜粉0.5 g、五香粉1 g、辣椒粉0.5 g煮沸,熬煮浓缩至80 mL后再加入食盐1.5 g、黄酒5 mL、味精0.5 g,纱布过滤备用。

咖喱味:100 mL水中加入洋葱粉0.15 g、生姜粉0.15 g、咖喱粉1.5 g、辣椒粉0.3 g煮沸,熬煮浓缩至80 mL后再加入食盐1.5 g、味精0.5 g,纱布过滤备用。

糖醋味:100 mL水中加入洋葱粉0.1 g、生姜粉0.1 g、大蒜粉0.1 g煮沸,熬煮浓缩至80 mL后再加入白砂糖2 g、醋6 mL,纱布过滤备用。

3. 工艺流程

(冷冻虾→解冻)虾→挑选、清洗→前处理→漂烫→沥干→调味→干燥→杀菌→冷却→指标检测→包装→成品干制虾仁。

4. 操作要点

(1)清洗

将挑选好的原料用自来水清洗1~2次,去除杂质。

(2)前处理

利用人工或机械去除虾头和外壳、剔除沙肠并保持虾仁的完整性和饱满度。

(3)漂烫

将虾仁用90 ℃以上的热水进行烫煮,根据虾仁规格,漂烫时间略有差异。

(4)清洗

将去掉虾头和外壳的虾仁用自来水清洗1~2次。

(5)调味

将辣椒粉、生姜、白糖、食盐按比例混合后用纱布包住,调味液用量以恰好淹没虾体为宜,调味温度为15 ℃,时间为1 h。

漂烫后需沥干,再进行浸渍调味,以确保产品口味。

（6）干燥

干燥条件为微波功率 500 W，干燥时间为 20 min。

（7）检验

将干燥后的虾仁进行水分检查并根据需求确定包装大小（聚乙烯或聚丙烯袋均可）。

5. 包装和贮藏

虾肉干燥后冷却至室温，并进行真空包装或充气包装于常温下保存食用。

6. 感官评价

感官评定标准

评定指标	评价标准	分数
色泽（权重20%）	虾肉颜色呈淡红，虾肉中带有油光，富有食欲	100—70
	虾肉颜色较深或较浅，光泽稍微暗淡	70—30
	虾肉颜色发白或过深，无光泽	30—0
味道（权重20%）	虾肉肉味浓郁，咸淡适中，滋味丰满	100—70
	虾肉肉香较淡，略咸或略淡	70—30
	虾肉很咸或无咸味，无肉香	30—0
口感（权重30%）	虾肉肉质软烂适度，肉质鲜嫩，入口爽滑	100—70
	虾肉有略微柴感，干涩或有轻微发黏	70—30
	虾肉肉质不烂，硬感，干涩或发黏	30—0
组织形态（权重10%）	虾肉肉质紧密，弹性好，无裂痕	100—70
	虾肉肉质较有弹性，有裂痕	70—30
	虾肉质地粗糙肉质松散，有明显裂痕	30—0
总体可接受性（权重20%）	所接受度高	100—70
	所接受度适中	70—30
	所接受度差	30—0

7. 卫生标准

细菌总数（CFU/g）≤100，大肠菌群（CFU/g）≤10，致病菌不得检出。

五、思考题

1. 不同的虾肉应如何选择合适的干燥温度？

2. 怎样才能使得虾肉口感好、有嚼劲？

3.为什么调味温度为15 ℃？过高或过低有什么影响？

4.与传统干燥方式相比,如日光晾晒干燥、热风干燥等,微波真空干燥的优点有哪些？

5.微波功率对烤虾干燥有哪些影响？

6.装载量对烤虾干燥有哪些影响？

六、参考文献

[1] 李文盛,孙金才,桑卫国.真空微波干燥对南美白对虾虾仁品质的影响[J].食品科技,2015,40(09):154-158.

[2] 伍玉洁.常温保藏南美白对虾半干虾仁食品的研制[D].无锡:江南大学,2006.

[3] 房修珍.青虾风味休闲干制品工艺研究[D].无锡:江南大学,2008.

[4] 中华人民共和国国家食品药品监督管理总局,国家卫生和计划生育委员会.食品安全国家标准 食品微生物学检验 菌落总数测定:GB 4789.2—2016 [S].北京:中国标准出版社,2016.

[5] 许牡丹,班道锐,缪茂朵,等.利用微波真空干燥法生产虾类食品的研究[J].科技传播,2013,5(05):144.

[6] 谢乐生.南美白对虾即食调理食品的研制[D].无锡:江南大学,2007.

实验十一

喷雾干燥法制作乳粉

一、实验目的

1. 了解喷雾干燥法制作乳粉的加工工艺及其原理。

2. 掌握喷雾干燥法制作乳粉的操作要点。

二、实验原理

乳粉是以生牛(羊)乳为原料,经加工制成的粉状产品。乳粉生产中普遍采用喷雾干燥方法来去除乳粉中的水分,喷雾干燥是采用雾化器将原料液分散为雾滴,并用热气体(空气、氮气或过热水蒸气)干燥雾滴而获得粉状产品的一种干燥方法。原料液可以是溶液、乳浊液、悬浮液,也可以是熔融液或膏糊液。与其他热风干燥方式相比,喷雾干燥过程中物料与热风接触的时间较短,营养成分损失很小,且不易受到外来的污染。

三、实验材料与设备

1. 实验材料

新鲜生牛乳。

2. 实验设备

水浴锅、高速分散机、电子天平、恒温干燥箱、不锈钢盆等用具。

四、实验内容

1. 原料的选择和预处理

新鲜生牛乳:不混有异常乳,酸度不超过200 °T,70%酒精实验阴性,含脂率不低于3.1%,乳固体不低于11.5%。

2. 工艺流程

生牛乳→过滤→杀菌→均质→浓缩→喷雾干燥→乳粉。

3. 操作要点

（1）过滤

100目筛过滤原料乳。

（2）杀菌

使用加热锅对原料乳进行杀菌，85 ℃，时间5~10 min。

（3）均质

用高速分散机均质原料乳，3000 r/min，均质时间1 min。

（4）浓缩

使用浓缩仪器对原料乳进行浓缩，根据设备或者工艺实际需要决定是否需要进行浓缩处理。

（5）喷雾干燥

开始工作时，先开启电加热器，并检查有无漏电现象及排风机有无杂声，如正常即可运转，预热干燥室；预热期间关闭干燥器顶部用于装喷雾转盘的孔口及出料口，以防冷空气漏进，影响预热。干燥器内温度达到预定要求时，即可开始喷雾干燥作业。调整热工参数，进风温度在150~170 ℃，排风温度在80~95 ℃，进料流量在5~15 mL/min范围进行选择。开动喷雾转盘，待转速稳定后，方可进料喷雾。喷雾完毕后，先停止进料再开动排风机出粉，停机后打开干燥器室门，用刷子扫室壁上的乳粉，关闭室门再次开动排风机出粉；最后清扫干燥室，必要时进行清洗。

（6）包装

乳粉冷却后进行充氮包装。

4. 包装和贮藏

真空充氮包装，常温避光贮藏。

5. 卫生标准

菌落总数（CFU/g）≤10^4，大肠菌群（CFU/g）≤10，霉菌（CFU/g）≤150，其他致病菌不得检出。

喷雾干燥机运转中或停机后一段时间内，其表面温度比较高，请不要用手去触摸袋滤器、旋风分离器、风管、雾化器、排风机、观察窗等部件。实验结束后，先关进风，使玻璃器皿温度降低再关机。

6. 感官评定

感官评定标准

评定指标	评定标准	分数
色泽（权重35%）	呈均匀一致的乳黄色	100—70
	乳黄色较均匀	70—35
	颜色深浅不一	35—0
滋味气味（权重30%）	具有纯正的乳香味	100—70
	乳香味淡	70—35
	无乳香味，有异味	35—0
组织形态（权重35%）	干燥均匀的粉末	100—70
	较干燥，或有少量结块	70—35
	湿度大，或结块严重	35—0

五、思考题

计算本实验的出粉率，选择性地调整1~2个工艺参数值，设置一定范围的梯度并比较其出粉率的差异。

$$出粉率=\frac{收集得到的粉的质量}{喷雾干燥前料液中干物质的含量}\times100\%$$

六、参考文献

[1] 靳义超,闫忠心,李升升,等.喷雾干燥牦牛奶粉工艺优化[J].青海畜牧兽医杂志,2014,44(06):16-17.

[2] 中华人民共和国卫生部.食品安全国家标准 乳粉:GB 19644—2010[S].北京:中国标准出版社,2010.

实验十二

乳酸饮料的制作

一、实验目的

1.理解并掌握乳酸饮料稳定的原理和方法。

2.掌握乳酸饮料制作的工艺操作要点。

二、实验原理

乳酸饮料是以牛乳或乳粉、植物蛋白乳（粉）为原料,加入一定量的水分、蔗糖、香料、稳定剂等辅料,经灭菌、冷却、接种乳酸菌发酵剂发酵,然后调配均质后制成。因为果胶是一种聚半乳糖醛酸,对酪蛋白颗粒具有最佳的稳定性,在 pH 为中性和酸性时带负电荷,将果胶加入酸乳中时,它会附着于酪蛋白颗粒的表面,使酪蛋白颗粒带负电荷。由于同性电荷互相排斥,可避免酪蛋白颗粒间相互聚合成大颗粒而产生沉淀,果胶分子在 pH 为 4 时稳定性最佳,因此,杀菌前一般将乳酸饮料的 pH 调整为 3.8~4.2。

三、实验材料与设备

1. 实验材料

鲜奶或全脂奶粉、白砂糖、香精、果汁、乳酸、柠檬酸、稳定剂。

2. 实验设备

烧杯、电子天平、均质机、pH 计、电炉、冰箱等。

四、实验内容

1. 原料的选择和预处理

如采集原生鲜奶时需对其进行过滤、冷却等预处理。

2. 配方

酸奶 300~400 mL（或奶粉 40 g）、白砂糖 100~110 g、稳定剂（果胶）4 g、20% 乳酸—柠檬酸（柠檬酸:乳酸=2:1）约 2.3 mL。

3. 工艺流程

稳定剂、糖液等配料

↓

牛乳→过滤、预热、均质、杀菌→接种发酵、冷却、破乳→混合→均质→灌装→杀菌→冷却。

4. 操作要点

（1）牛乳过滤、预热、均质、杀菌、接种发酵、冷却。

（2）根据配方将稳定剂、糖混匀后，溶解于50~60 ℃的软水中，待冷却到20 ℃后与一定量的发酵乳混合并搅拌均匀。

（3）辅料乳化净化水温度：75~85 ℃，水量为稳定剂、乳化剂的30~50倍，自溶时间为30 min左右（为溶解得快，稳定剂和白砂糖按1∶5的比例加入）。

为使稳定剂发挥应有的作用，必须保证正确的均质温度和压力。

（4）酸化温度：低于40 ℃，酸浓度小于20%，配置浓度为20%乳酸—柠檬酸溶液，并在强烈搅拌下缓慢加入酸奶中，调酸时间不少于15 min，pH调至3.8~4.2之间，充分搅拌后（约10 min）调酸。

加酸时切记在高速搅拌下缓慢加入，防止局部酸度过高造成蛋白质变性。

（5）将配好的乳饮料预热到60~70 ℃，并于20 MPa下进行均质。

（6）杀菌后将包装容器进行冷却至30 ℃以下。

5. 卫生标准

符合GB 7101—2015《食品安全国家标准 饮料》的规定。

6. 感官评定

具有特有的乳香滋味和气味；呈均匀乳白色、乳黄色或者带有添加的辅料的相应色泽；无分层现象，允许有少量沉淀。

五、思考题

1. 如何评价乳酸饮料的稳定性？
2. 乳酸饮料加工过程中的关键点是什么，应如何控制？

六、参考文献

[1] 中华人民共和国国家质量监督检验检疫总局，中国国家标准化管理委员会 . 含乳饮料：GB/T 21732—2008［S］. 北京：中国标准出版社，2008.

[2] 梁曼君 . 乳酸饮料生产工艺［J］. 食品工业科技，2000（5）：62−63.

实验十三

燕麦酸奶的制作

一、实验目的

1. 掌握乳酸菌发酵剂的制备方法。
2. 了解燕麦酸奶的制作要点。

二、实验原理

利用燕麦与牛乳混合,加入乳酸菌发酵,制成的燕麦酸奶具有良好的风味,而且富含多种营养成分。燕麦酸奶比普通酸奶更有益于人体健康,尤其对中老年人、糖尿病人、肥胖人群有更好的保健作用。

三、实验材料与设备

1. 实验材料

燕麦米、鲜牛乳、脱脂乳粉、阿斯巴甜、保加利亚乳杆菌、嗜热链球菌、稳定剂等。

2. 实验设备

电子天平、电炉、烧杯、高压蒸汽灭菌锅、超净工作台、玻璃瓶等。

四、实验内容

1. 原料的选择和预处理

选择色泽、颗粒大小、等级一致的燕麦米浸泡8~12 h(苦荞香米:水=1:8),然后打浆、过滤,制得燕麦浆。

2. 配方

燕麦浆与鲜牛乳按1:3的比例添加,稳定剂和阿斯巴甜稀释成10%的溶液,按1.2 mL/L的量加入燕麦浆与牛乳的混合液中,2%的菌种(保加利亚乳杆菌:嗜热链球菌=1:1)接种发酵。

3. 操作要点

（1）燕麦浆的制备。燕麦香米浸泡，然后打浆、过滤，放入冷藏室备用。

（2）生产发酵剂的制备。取适量脱脂乳粉，以1:10（脱脂乳粉:蒸馏水）的比例加入蒸馏水，搅拌溶解后分装到试管中，然后置于高压蒸汽灭菌锅中，以105 ℃灭菌10 min，灭菌后制得脱菌乳培养基。在超净工作台上接入2%的菌种（保加利亚乳杆菌:嗜热链球菌=1:1），再将试管置于42 ℃环境下恒温培养，使菌种复活，增强活力，制成发酵剂，冷藏备用。

（3）预热、均质。将制得的燕麦浆与鲜牛乳按1:3的比例混合后加热到50 ℃左右，然后进行均质。

（4）调配。将稳定剂和阿斯巴甜稀释成10%的溶液，加入总乳液量的0.02%到乳液中调配、混匀。

（5）巴氏消毒。将调配好的乳液加热到85 ℃，保温5 min杀菌。

（6）灌装、发酵。将灭菌后的乳液冷却到40~45 ℃，在无菌条件下将生产用的发酵剂按2%的比例接种于乳液中，经充分搅拌，灌装入杀菌的玻璃瓶中并封口，然后将其置于42 ℃环境下发酵4 h左右（发酵终点pH为4.4），发酵结束后迅速移至5 ℃的冰箱中经后熟后即为成品。

4. 卫生标准

符合GB 7101—2015《食品安全国家标准 饮料》的规定。

5. 包装和贮藏

灌装入杀菌的玻璃瓶中并封口，42 ℃发酵4 h左右（发酵终点pH为4.4），发酵结束后迅速移至3~5 ℃的冰箱中保存。

6. 感官评定

燕麦酸奶的色泽均匀一致，略显浅黄色；无分层，无气泡及沉淀现象；口感具有苦荞清香味和乳酸菌发酵酸奶香味，无异味，酸甜适度，口感细腻；无肉眼可见的外来杂质。

> 阿斯巴甜的添加量会直接影响成品风味，其甜味与乳酸发酵产生的酸味形成酸奶的酸甜风味，合适的酸甜比例对酸奶制品具有重要意义。

五、思考题

试述发酵剂的制备及作用。

六、参考文献

徐学万，李华钧，杨坚.荞麦酸奶的加工工艺研究[J].食品工业，2001,22(01):31–32.

实验十四

发酵兔肉酱的加工

一、实验目的

1.掌握发酵兔肉酱加工的基本原理及加工工艺过程。

2.了解不同发酵菌株的性能及其在肉酱生产中的应用。

二、实验原理

发酵肉制品是指肉在自然或人工条件下经特定有益微生物发酵所生产的一类肉制品。兔肉具有高蛋白、高卵磷脂、高消化率及低脂肪、低胆固醇、低热量的特点,并含有较高量的无机盐和丰富的维生素。发酵兔肉酱是指兔肉经绞碎、拌料、接种、发酵、拌料、包装和灭菌等工序制成的肉制品,既便于保存,又便于远销。

三、实验材料和设备

1. 实验材料

兔肉、植物乳酸杆菌、葡萄球菌、葡萄糖、蔗糖、食盐、香辣酱、豆豉等。

2. 实验设备

恒温恒湿培养箱、pH计、全温培养摇床、磁力加热搅拌器、电子分析天平。

四、实验内容

1. 原料的选择和预处理

(1)兔肉的选择

选择健康无病、皮肤清洁、肌肉丰满的兔肉用作原料。

(2)发酵剂菌液制备

对筛选菌株进行糖类发酵试验,采用生化反应管检验,通过观察菌株对各种糖的利用情况确定其属种。将待鉴定菌株接种于生物反应管后于 30 ℃条件下培养 24 h,观察培养基的颜色是否发生变化,若变为黄色,则为阳性,表明该糖可发酵并能产酸。

2. 配方

兔肉 1 kg,蔗糖 5 g,葡萄糖 5 g,食盐 20 g,水 120 mL,豆豉 40 g,香辣酱 40 g。

3. 工艺流程

兔肉解冻→预处理→绞碎→拌料(加蔗糖、葡萄糖、食盐和水)→接种→发酵→拌料(加豆豉、芝麻和香辣酱)→真空包装(高温蒸煮袋)→灭菌→成品。

4. 操作要点

(1)兔肉预处理

将冷冻兔肉置于室温下解冻约 4 h,清洗,去筋膜,绞碎。

(2)接种发酵

肉糜中加入蔗糖、葡萄糖、食盐和水,混匀,添加发酵剂,再混匀搅拌。

(3)发酵

发酵温度为 23 ℃,发酵时间为 46 h。密封,避光,于适宜条件下发酵。

(4)拌料

发酵完成后,添加豆豉和香辣酱等调味制酱。

(5)包装灭菌

将发酵成熟的兔肉放入耐高温的包装袋中,真空包装,封口,高压锅 121 ℃灭菌 20 min,同时起到熟化肉酱的作用。

5. 包装和贮藏

发酵兔肉酱使用高温蒸煮袋真空包装,既保证了产品外表美观,又防止水分继续蒸发,降低干耗,减少微生物污染机会,可大幅度延长发酵兔肉酱的保质期。

绞碎后的原料肉应尽可能当天加工,当天不能加工的应在 7 ℃以下冷藏(冻)保存。

发酵温度不宜过高,否则会使发酵速度过快,导致最终 pH 难以控制,原料过度分解,从而影响产品品质。

6. 感官评定

感官评定标准

项目	评分标准	总分
色泽(权重30%)	红色均匀,有光泽	100—70
	肉色过深或过浅,无光泽	70—30
	肉色差	30—0
风味(权重20%)	兔肉特有的香味浓郁	100—70
	兔肉香味稍淡	70—30
	有异味	30—0
滋味(权重30%)	滋味适中	100—70
	滋味一般	70—30
	滋味差	30—0
质地(权重20%)	质地柔韧,咀嚼性适中	100—0
	过软或过硬,咀嚼性稍大或稍小	70—30
	过硬,咀嚼性较差	30—0

7. 卫生标准

(1)污染物限量:参考GB 2762—2017《食品安全国家标准 食品中污染物限量》规定。

(2)致病菌限量:参考GB 29921—2013《食品安全国家标准 食品中致病菌限量》规定。

(3)微生物限量:参考GB 4789.15—2016《食品安全国家标准 食品微生物学检验 霉菌和酵母计数》规定。

五、思考题

1.发酵过程中采用单一菌种或复合菌种,哪种效果更好?

2.菌种在发酵肉制品中有什么作用?

3.发酵过程中发酵兔肉的风味会产生什么变化?

4.灭菌时需要注意的安全问题有哪些?

六、参考文献

[1] PETRACCI M,SOGLIA F,LEROY F.Rabbit meat in need of a hat-trick:from tradition to innovation (and back)[J].Meat Science,2018,146:93-100.

[2] 王东.发酵兔肉酱制品工艺条件的研究[J].中国调味品,2017,42(10):103-110.

[3] 苏爱国.兔肉酱制品工艺条件的研究[J].中国调味品,2017,42(12):121-128.

[4] 王东.发酵处理对兔肉酱营养与品质的影响[J].中国调味品,2017,42(11):57-62.

[5] 郭晓芸,张永明,张倩.发酵肉制品的营养、加工特性与研究进展[J].肉类工业,2009(5):47-50.

[6] 葛帅,陈宇昱,彭争光,等.基于顶空-气相色谱-离子迁移谱法研究干燥方式对小米椒挥发性风味物质的影响[J].激光生物学报,2020,29(04):368-378.

[7] 李珊珊,祝超智,崔文明,等.发酵肉制品中微生物发酵剂分离筛选及应用研究进展[J].肉类研究,2019,33(07):61-66.

实验十五

发酵香肠制作工艺

一、实验目的

1.掌握发酵香肠的加工原理、工艺过程和操作方法。

2.了解发酵和成熟过程中香肠的物理化学变化。

二、实验原理

发酵香肠亦称生香肠,是指将绞碎的肉(常指猪肉或牛肉)和动物脂肪、糖、盐、发酵剂和香辛料等混合后灌进肠衣,经过微生物发酵而制成的具有稳定的微生物特性和典型的发酵香味的肉制品。产品通常在常温条件下贮存、运输,并且不需要经过熟制处理就可直接食用。在发酵过程中,碳水化合物经乳酸菌发酵生成乳酸,使香肠的最终 pH 降低到 4.5~5.5,这一较低的 pH 使得肉中的盐溶性蛋白质变性,形成具有切片性的凝胶结构。较低的 pH 与由食盐和干燥过程降低的水分活度共同作用,保证了产品的稳定性和安全性。

三、实验材料

1. 实验材料

猪后腿肉、猪背膘、猪肠衣,以 1 kg 猪肉计,添加发酵剂 0.20 g、复合盐(亚硝酸钠 0.15 g、复合磷酸盐 30 g、D-异抗坏血酸钠 10 g)、精盐 250 g、白胡椒粉 30 g、辣椒粉 60 g、白砂糖 60 g、味精 40 g。

2. 实验设备

绞肉机、灌肠机、恒温恒湿培养箱、电热恒温鼓风干燥箱。

四、实验内容

1. 原料的选择和预处理

选择经卫生检验合格的猪后腿肉,剔除骨头、肥膘和组织内较粗的

选择的原料肉,应来自健康牲畜,并经兽医检验合格的,质量良好、新鲜的肉。冻肉需经过充分解冻处理。猪肉用瘦肉作肉糜、肉块或肉丁,而脂肪则切成脂肪丁,按照不同配方标准加入瘦肉中,制成肉馅。

筋膜,要求无油污、无碎骨、无伤肉、无淤血、无毛及其他杂质等。

2. 配方:

瘦肉以100 g重计,配方如下。

腌制液:称取1 g白酒,再加入2.5 g食盐,0.025 g $NaNO_3$,0.0075 g白砂糖,1 g白酒。

原辅料:称取80 g瘦肉,20 g肥膘,1 g辣椒粉,0.4 g花椒粉,0.05 g十三香,0.15 g味精。

3. 工艺流程

原料肉→预处理→绞碎→腌制→搅拌接种(已活化的菌种)→灌肠→发酵→成熟→干燥→成品。

4. 操作要点

(1)原料肉的处理

剔除猪肉皮、骨和结缔组织,用清水清洗干净。

(2)绞制

绞制过程中为避免温度升高,可预先将原料肉置于4 ℃条件下冷藏处理,将处理好的肥肉和瘦肉放入绞肉机中处理,得到香肠肉。

(3)腌制

在绞好的香肠肉片中加入盐腌制剂,在4 ℃下腌制4 h。

(4)搅拌

向腌制好的香肠肉片中添加香辛料和辅助材料并搅拌均匀。

> 添加配料时,要尽量放到叶片的中央部位,靠叶片从内侧向外侧的旋转作用,使辅料在肉中分布均匀。搅拌时间一般为20~30 min,搅拌结束时肉馅温度保持在7~10 ℃为最佳。

(5)接种

以100 g猪肉计,发酵剂接种量为10 mL,菌种液浓度约 10^7 CFU/mL,将植物乳杆菌、戊糖片球菌和葡萄球菌按1:1:1的比例混合加入肉料中。

(6)灌肠

将搅拌好的肉料,采用灌肠机灌装于直径为28 mm的猪小肠肠衣中,10~12 cm为一节,要求肠体紧密饱满,并用排气针排气,避免产生气泡。

> 充填时应尽量填充均匀、饱满,没有气泡。操作过程中,注意手握的松紧度要适中,过紧易爆裂,过松易有气泡或充填不满。充填后,应检查肠体有无气泡或是否充填饱满。

(7)发酵

用清水洗净肠体表面的污垢,整齐挂在恒温恒湿培养箱中进行发酵。在温度为20 ℃、相对湿度为75%条件下发酵12 h,当pH达到5.90左右转入低温成熟。

(8)成熟

成熟温度为13 ℃,成熟4 d,相对湿度为60%,当pH达到5.50左右时进行干燥。

(9)干燥

将成熟的香肠置于烘箱中干燥,干燥温度为55 ℃,干燥时间为24 h。除去肠体内部的水分,促进成品风味的形成。

5. 包装和贮藏

装好的香肠立即放入2~4 ℃的冷库内贮存。但在2 ℃的冷库内最多只能存放3~4周,否则易变质;若要延长贮藏期,则应转入−18 ℃的冷库内保存。由于低温冻藏将严重影响香肠风味,故应根据市场需求确定贮藏温度。

6. 感官评定

感官评定标准

项目	评分标准	总分
色泽(权重30%)	表面及肉馅呈鲜艳的玫瑰红色,表面鲜亮	100—75
	表面及肉馅呈淡红色,表面有轻微光泽	75—50
	表面及肉馅呈褐色	50—25
	肉馅灰暗无光泽	25—0
气味(权重20%)	具有发酵特有的气味,香味浓郁纯正	100—75
	发酵香味较淡	75—50
	没有明显的发酵香味	50—25
	香气不足,有异味	25—0
组织状态(权重30%)	切面肉馅致密,瘦肉与肥肉结合紧密,界面清晰	100—75
	切面肉馅略有松散	75—50
	切面肉馅松散,瘦肉与肥肉结合不紧密	50—25
	切面完全松散,中心软化	25—0
质地(权重20%)	酸味纯正、后味饱满、余味浓烈、味道无刺激	100—75
	酸味平淡,食后略有香味	75—50
	酸味不足或太浓烈、发酵味不纯、食后无余香	50—25
	酸味过浓	25—0

7. 卫生标准

细菌总数$(CFU/g) \leqslant 10^5$，大肠菌群$(CFU/g) \leqslant 100$，致病菌不得检出。

五、思考题

1. 通过对制作发酵香肠的分析评定，结合实验讨论发酵香肠生产中易出现的问题及如何提高发酵香肠的品质。

2. 发酵香肠的工艺特色有哪些？

3. 简述干燥工艺为什么对发酵香肠的品质和外观影响较大。

4. 简述发酵香肠香味的形成机理。

5. 发酵剂的作用有哪些？

六、参考文献

[1] 刘宗敏.发酵肉制品研究现状及发展趋势[J].山东食品发酵,2014(01):50-52.

[2] 王新惠,潘攀,孙劲松,等.川味香肠发酵和成熟过程中食用安全性分析[J].中国调味品,2019,44(02):14-17.

[3] 高绍金,李志江,赵家圆,等.鲁氏酵母菌对发酵香肠品质的影响研究[J].中国调味品,2019,44(04):64-68.

[4] 胡婕,剧柠,朱晓红,等.牛肉萨拉米香肠的工艺配方研究[J].肉类工业,2018(07):9-15.

[5] 巩洋,孙霞,张林,等.混合菌种发酵生产低酸度川味香肠的加工工艺[J].食品工业科技,2015,36(05):227-232+239.

实验十六

蓝莓红酒发酵工艺

一、实验目的

掌握蓝莓红酒的发酵工艺。

二、实验材料与设备

1. 实验材料

酵母、蓝莓、蔗糖、柠檬酸、果胶酶、SO_2等。

2. 实验设备

榨汁机,发酵罐、手持折光仪等。

三、实验内容

1. 原料的选择和预处理

清洗果实,去除表面杂质,挑选无明显损伤的果实。

2. 工艺流程

清洗、挑选→消毒→破碎(通入SO_2)→酶解(果胶酶)→成分调整(白砂糖、二氧化硫、接种酵母)→主发酵→倒罐→后发酵→倒罐→陈酿→澄清、过滤→贮存→冷冻→过滤→除菌→灌装→成品。

3. 操作要点

(1)破碎榨汁

用榨汁机将蓝莓破碎、榨汁,在破碎的果肉中通入SO_2,并加入果胶酶(0.25%)。

(2)成分调整

将蔗糖、柠檬酸等其他辅料溶解后送入调配罐中进行调配。

利用榨汁机破碎果肉时,应尽量保证破碎率达到97%以上,以便发酵过程中酵母与果肉的充分接触。

（3）主发酵

添加酵母（1.5%）进行接种，在22 ℃下进行密封发酵，加入蔗糖，发酵3~4 d后再次加入蔗糖（按照成品酒精度15%计算蔗糖添加量，分两次加入，每次加一半）。6~8 d内，每天搅拌两次，每次30 min，总发酵期为20~30 d。当糖度降至0.5%以下时，停留2~3 d，倒罐。

（4）后发酵

保持容器密封于20 ℃下存放，发酵20 d左右，然后过滤、去除杂质。

4. 卫生标准

菌落总数（CFU/mL）≤50，大肠菌群（MPN/100 mL）≤3，致病菌不得检出。

5. 感官评定

感官评定标准

项目	评分标准	总分
外观（权重25%）	澄清，无明显沉淀	18—25
	少量沉淀或轻微分层	9—18
	非常浑浊	0—9
色泽（权重25%）	透明、深红色、有光泽	18—25
	透明、深红色或浅红色	9—18
	褐变严重	0—9
气味（权重25%）	浓郁果香	18—25
	果香较淡	9—18
	无果香，有异味	0—9
口感（权重25%）	风味柔和、酸甜可口	18—25
	酸甜比较可口	9—18
	糖酸比例明显失调	0—9

四、思考题

蓝莓红酒发酵过程中为什么要通入SO_2？

五、参考文献

[1] 陈祖满.蓝莓发酵酒工艺优化研究[J].食品工业,2014,35(05):58-61.

[2] 郑志红,瞿朝霞,贺达江,等.蓝莓果酒酿造工艺优化[J].湖南农业科学,2019(07):84-88.

[3] 中华人民共和国国家食品药品监督管理总局,国家卫生和计划生育委员会.食品安全国家标准 食品微生物学检验 菌落总数测定:GB 4789.2—2016 [S].北京:中国标准出版社,2016.

[4] 王辉.蓝莓干酒发酵工艺研究[D].哈尔滨:哈尔滨商业大学,2015.

实验十七

纳豆腐乳发酵工艺

一、实验目的

掌握纳豆腐乳发酵工艺。

二、实验原理

以黄豆为原料,按照腐乳传统酿造工艺,接种纳豆枯草芽孢杆菌来发酵制备纳豆腐乳。

三、实验材料与设备

1. 实验材料

菌种:枯草芽孢杆菌、毛霉菌。

原料:大豆、大米、食盐、凝固剂。

2. 实验设备

玻璃瓶、组织研磨机、电子天平、压榨机、电炉、冰箱等。

四、实验内容

1. 工艺流程

原料处理→磨浆、滤浆→煮浆、点浆→制坯、接种→腌坯→装坛→加辅料后发酵→腐乳→添加蒸熟大米→接种纳豆菌发酵→回汁→冷藏→成品。

2. 操作要点

(1)原料处理

先清洗大豆,然后于3倍体积的水中浸泡12 h,取出沥干。

(2)磨浆、滤浆

加水(约为大豆体积的4倍),利用高速组织研磨机研磨,然后用双层纱布过滤、去渣。

（3）煮浆、点浆

加热煮沸（95~100 ℃）后保温 5 min，待温度降至 85 ℃左右时，加入凝固剂点浆，静置 30 min。

（4）制坯、接种

用压榨机压榨 15 min，压榨成型后切块。摆好豆腐块，接种毛霉，于 28~30 ℃培养 5~6 d。

（5）腌坯

摆放在玻璃瓶中，每摆一层豆腐撒一层盐，然后将装满豆腐的容器整体放入盐水中腌制 5~6 d，然后加入辅料密封发酵 1 周左右。

（6）加入蒸熟大米

将浸泡 8~12 h 的大米冲淋沥干后移至蒸锅内，蒸煮 35 min，中间加少许水，蒸熟后焖 10 min，冷却至 30 ℃，要求饭粒松软、疏而不烂、内无生心。

取出腐乳块均匀放于另一玻璃瓶中，然后均匀撒入熟的大米，接种纳豆枯草芽孢杆菌开始发酵。

（7）回汁

重新加入原本发酵腐乳瓶中的液体，即得到纳豆腐乳成品，然后置于 4 ℃冰箱中冷藏保存。

3. 卫生标准

大肠菌群/（MPN/100 g）≤30，致病菌不得检出。

4. 感官评定

腐乳应呈均一的乳黄色，大小均匀的块状，且质地细腻，滋味鲜美、咸淡适中，具有纳豆和腐乳特有香气，无异味。

五、思考题

纳豆腐乳与普通腐乳相比，有何优势？

六、参考文献

[1] 祁勇刚,高冰,黄菲武,等.纳豆腐乳发酵工艺优化[J].中国酿造,2016,35（08）:78-82.

[2] 余明远.玫瑰腐乳的营养价值与制作工艺[J].食品安全导刊,2018(27):165-168.

[3] 张会荣,刘瑞钦,郑立红.新型腐乳生产工艺的研究[J].中国调味品,2009,34(03): 82-85.

[4] 张捷,牟建楼,张伟,等.传统纳豆发酵条件的优化[J].食品工业,2019,40(06)：118-122.

[5] 中华人民共和国国家食品药品监督管理总局,国家卫生和计划生育委员会.食品安全国家标准 食品微生物学检验 菌落总数测定:GB 4789.2—2016 [S].北京:中国标准出版社,2016.

[6] 中华人民共和国国家卫生和计划生育委员会.食品安全国家标准 豆制品:GB 2712—2014 [S].北京:中国标准出版社,2014.

实验十八

鱼肉肠制作工艺

一、实验目的

1.熟练掌握本实验所用仪器设备的操作方法。

2.掌握鱼糜制备时的原料选择方法和预处理操作。

3.掌握鱼肉肠加工的具体操作要点和方法。

二、实验原理

鱼肉肠是以鱼糜为主要原料,配以优质淀粉、少量猪肉及各种调料,经过擂溃、充填、成型、结扎、杀菌、冷却等流程制作完成的肉制品。鱼糜在一定浓度的盐溶液中,盐溶性蛋白质会充分溶出,其肌动球蛋白受热后高级结构打开,分子间通过氢键相互缠绕,形成纤维状大分子而构成稳定的网状结构,因包含大量与肌球蛋白结合的游离水分,在加热胶凝后具有较强弹性。添加适量的脂肪会带来润滑的口感,淀粉因其具有良好的膨胀性,可以影响鱼肉肠的咀嚼性和硬度,从而增强产品的口感。

三、实验材料和设备

1. 实验材料

新鲜鱼或冷冻鱼糜、猪肉、肠衣、精盐、味精、亚硝酸钠、抗坏血酸钠等。

2. 仪器设备

电子秤、绞肉机、斩拌机、灌肠机、冷冻干燥机、电磁炉、蒸煮锅、真空包装机等。

四、实验内容

1. 原料的选择和预处理

原料选择:所有原料中,鱼糜最为关键,它直接影响成品的弹性和质量。影响鱼糜弹性的因素有以下4个:①鱼种及个体大小对弹性强弱有影响;②鱼肉的化学组成,一般红色肉鱼较白色肉鱼弹性弱;③原料鱼新鲜度,鱼肉肌肉组织中水分含量高于畜肉,并且鱼肉的结缔组织量少,质地柔软故较畜肉更容易腐败变质,变质鱼肉弹性丧失;④加工鱼糜的过程中漂洗和冻结也对鱼糜的弹性有很大影响。

2. 配方

以鱼糜为 100 g 计,加入 7~10 g 猪肉,5~15 g 淀粉,0~2 g 蛋清,0.7~1.0 g 香辛料,0~3 g 白砂糖,0.2~0.3 g 味精,3~4 g 食盐,0.1~0.3 g 聚磷酸盐,0.01~0.02 g 亚硝酸钠,0.02~0.05 g 抗坏血酸,少量食用色素,15~25 g 冰水。

3. 工艺流程

原料选择与整理→采肉→绞肉→配料→擂溃→灌肠、结扎→杀菌、冷却→擦干、成品。

4. 操作要点

(1)原料选择与整理

原料一般以新鲜(或冷冻)小杂鱼为主(以肌肉纤维较长、刺少、脂肪含量稍多的原料鱼为好),去头、去皮、去内脏后洗净。冷冻鱼糜自然解冻。

(2)采肉

手工采取鱼肉待用。

(3)绞肉、配料、擂溃

将猪肉(肥肉可占 5% 左右)和鱼肉放入绞肉机中搅碎,然后转入斩拌机中,添加食盐,搅拌约 5 min,再加入淀粉、白砂糖、味精等调味料以及复合磷酸盐、亚硝酸钠、抗坏血酸钠,擂溃约 20 min。在擂溃过程中不断加入水或碎冰块,使鱼糜呈酱状,有黏性。

(4)灌肠、结扎

将鱼糜放入灌肠机料斗中,开启机器,进行充填结扎。

(5)杀菌、冷却

将水烧开,再使水温降到 90 ℃ 左右,将鱼肉肠放入,使水温保持在 80~95 ℃ 之间,煮 40 min 左右。天然肠衣的鱼肉肠在杀菌过程中要随时注意扎破气泡,防止爆裂。鱼肉肠杀菌完毕后应立即冷却。塑料肠衣制品首先检查并除去爆破的和扎口泄漏的,然后放在洁净的冷水中冷却至 20 ℃ 以下。

塑料肠衣冷却以后,因热胀冷缩会产生很多装皱纹。除皱的方法是将香肠放入 98 ℃ 左右的水中浸泡 10~20 min 后,立即取出,自然冷却。

灌肠结扎成形的香肠应保证无气泡,长短一致,粗细均匀,黏合牢固。不符合要求的应挑出。

（6）擦干、成品

杀菌完毕的鱼肉肠要逐根检查，擦干即得到成品。

5. 包装

包装：鱼肉肠使用PET/PE复合膜真空包装，这样既能保证产品外表美观，又能防止肠内部水分继续蒸发，降低干耗，减少微生物污染机会，从而大幅度延长鱼肉肠的保质期。杀菌：在121 ℃下杀菌10 min。

6. 感官评价

鱼肉肠感官评定标准

项目	评分标准	总分
色泽（权重20%）	乳白色光亮	100—75
	乳白色较暗	75—50
	乳白色略带夹杂物	50—25
	暗白且夹杂物较多	25—0
风味（权重10%）	香气浓郁	100—75
	香气淡	75—50
	无香气	50—25
	无香气，有香辛料味	25—0
香气（权重10%）	鲜美醇香，无腥味	100—75
	鲜香味淡，无腥味	75—50
	鲜香味较淡，略有腥味	50—25
	无鲜香，腥味浓重	25—0

鱼肉肠凝胶性感官品质评定标准

项目	评分标准	总分
弹性（权重20%）	弹性适中	100—75
	弹性一般	75—50
	弹性差	50—25
	无弹性	25—0

续表

项目	评分标准		总分
硬度（权重10%）	柔软度适中		100—75
	较柔软		75—50
	较硬		50—25
	没硬度，太柔软		25—0
口感（权重30%）	柔嫩，咀嚼性好		100—75
	较粗糙，咀嚼性一般		75—50
	粗糙，无咀嚼性		50—25
	太柔嫩，无咀嚼性		25—0

7. 微生物限量

菌落总数、大肠菌群及致病菌的检验参考 GB 2726—2016《食品安全国家标准 熟肉制品》中的方法进行。菌落总数（CFU/g）$\leqslant 10^5$，大肠菌群（CFU/g）$\leqslant 10^2$，致病菌不得检出。

五、思考题

1. 鱼糜温度为什么必须上升到 0 ℃以上才可加盐？

2. 斩拌时间过短或过长有什么后果？

3. 鱼肉肠使用 PET/PE 复合膜真空包装有什么优势？

六、参考文献

[1] 马俪珍，刘金福.食品工艺学实验[M].北京：化学工业出版社，2011，135-136.

[2] 冯月荣.鱼肉火腿肠的制作工艺[J].吉林畜牧兽医，2000(05)：32.

[3] 李海波，李桂芬，梁佳.响应面法优化各种配料对带鱼(Trichiurus lepturus)鱼肉肠的品质影响分析[J].海洋与湖沼，2015，46(05)：1088-1095.

[4] 刘洋.南湾鲢鱼鱼肉肠的开发及理化特性测定[J].食品工业科技，2016，37：249-253.

[5] 宁云霞，杨淇越，鲍佳彤，等.原料肉种类和组成对鱼肉肠品质特性的影响[J].食品科技，2019，44(12)：117-124.

[6] 中华人民共和国国家食品药品监督管理总局，国家卫生和计划生育委员会.食品安全国家标准 熟肉制品：GB 2726—2016 [S].北京：中国标准出版社，2016.

第三部分　研究性实验

实验一

抗氧化剂对鲜切果蔬色泽保护作用研究

一、实验目的

　　1.了解抗氧化剂对鲜切果蔬的色泽保护作用原理。

　　2.掌握抗氧化剂对鲜切果蔬的色泽保护方法。

二、实验原理

　　鲜切果蔬因在生产过程中发生组织损伤,导致褐变、软化、腐烂等现象,这些现象很多是由于发生了氧化反应。抗氧化剂可以通过抑制鲜切果蔬中氧化反应的发生来达到保护色泽的作用。

三、实验材料与设备

　　1.实验材料

　　新鲜果蔬(莲藕、马铃薯或苹果等)、抗坏血酸、抗坏血酸钙。

2. 实验设备

不锈钢小刀、菜刀、案板、电子秤、聚乙烯塑料自封袋、吸水纸等。

四、实验内容

1. 原料的选择和预处理

原料新鲜良好,无霉烂变质、病虫伤及机械伤,表面光滑、硬实、色泽均匀一致,整齐度较好,直径在 45 mm 以上,洗净待用。

2. 工艺流程

原料→清洗→去皮→切片→浸泡→包装→冷藏→护色效果评价。

3. 操作要点

(1)将果蔬原料清洗后去皮,切成 0.5 cm 厚的薄片备用。原料分成 4 组,每组 3~5 片。

(2)选取抗坏血酸、抗坏血酸钙两种食品级添加剂,分别设置 5 个浓度梯度(0.1%、0.2%、0.3%、0.4%、0.5%)进行实验,对照组设置纯水对照组和空白对照组。

(3)分别用上述不同浓度的试剂浸泡处理果蔬原料 5~20 min,取出后吸干表面水分。纯水对照组在纯水中浸泡,空白对照组不浸泡。

(4)将处理后的果蔬原料装入聚乙烯塑料自封袋中,排气,封口。

(5)将上一步所得的果蔬贮存于 4 ℃恒温箱中,分别在 0 d、1 d、2 d、3 d 和 4 d 进行色泽变化评定,记录变化情况。

4. 包装和贮藏

真空密封包装,4 ℃贮藏。

按照国标中对于抗氧化剂的限量要求严格控制用量,防止产品加工过程中抗氧化剂残留超标。

果蔬原料切片后要及时进入浸泡操作,以免暴露空气过久引起色泽改变。包装时要尽量排尽袋内空气,如有条件也可以采取抽真空包装。

5. 色泽变化评定

感官评定标准

评定指标	评定标准	分数
色泽（权重100%）	无褐变,有光泽	100—81
	呈浅红褐色,有光泽	80—61
	呈浅红褐色,较有光泽	60—41
	呈红褐色,尚有光泽	40—21
	呈红褐色,无光泽	20—0

五、思考题

1.举例说明鲜切果蔬护色的意义。

2.列举出鲜切果蔬制品护色的常用方法及其原理。

六、参考文献

[1] 刘丽,徐洪岩,姜俊凤.不同抗氧化剂对鲜切马铃薯褐变的抑制效果[C].2018年中国马铃薯大会.哈尔滨:哈尔滨地图出版社,2018,349-352.

[2] 中华人民共和国国家卫生和计划生育委员会.食品安全国家标准 食品中致病菌限量:GB 29921—2013 [S].北京:中国标准出版社,2013.

[3] 中华人民共和国农业部.鲜切蔬菜:NY/T 1987—2011 [S].北京:中国标准出版社,2011.

実験二

膜分离技术提取大豆蛋白

一、实验目的

1. 了解膜分离技术在蛋白饮料加工中的应用。
2. 掌握膜分离技术提取大豆蛋白的方法。

二、实验原理

　　膜分离技术,可根据被分离物的分子质量的大小选择合适的超滤设备分离孔径。应用超滤技术制取大豆蛋白,其原理就是利用膜的孔径大小差异,在外加压力差的作用下,使大于膜孔径的被分离物滞留成为截留液,而小于膜孔径的被分离物通过成为透过液。

三、实验材料与仪器

1. 实验材料

　　脱脂豆粕、植酸酶、氯化钙、氯化钠、氯化铁、水杨酸、亚硫酸氢钠、氢氧化钠、盐酸、硫酸铜、硫酸钾、硫酸、硼酸、混合指示剂(甲基红和甲基蓝的乙醇混合溶液)。

2. 实验设备

　　紫外分光光度计、pH计、离心机磁力搅拌器、漩涡混匀仪、恒温水浴锅、聚砜膜(分子质量80 kD)、冷冻干燥机、喷雾干燥机、离心机、消化炉、通风橱、全自动凯式定氮仪。

四、实验内容

1. 工艺流程

　　脱脂豆粕→加入提取液→离心→取上清液加入 $NaHSO_3$,静置 15 min→植酸酶酶解→超滤-渗滤浓缩(重复3~5次)→巴氏消毒→喷雾干燥→大豆蛋白产品。

2. 操作要点

(1)超滤-渗滤法提取大豆蛋白。

①以 100 g 豆粕计,加入提取液(CaCl₂,0.5 mol/L)1 L 混合,于室温搅拌 30 min 后离心(8000 r/min,15 min,25 ℃),弃去沉淀,取上清液并测量体积。

②加入 NaHSO₃,静置 15 min,调 pH 至 4~6,加入植酸酶进行酶解(30~40 ℃)。

③酶解后向溶液中加入蒸馏水,并调 pH 至 3~5,在 45 ℃水浴条件下进行循环超滤-渗滤浓缩,待体积浓缩至原来的 $\frac{1}{10}$ 倍后加入蒸馏水至初始体积,重复超滤-渗滤 3~5 次,将浓缩蛋白液直接经巴氏消毒、喷雾干燥后,即得大豆蛋白产品。

(2)碱溶酸沉法提取大豆蛋白。

①以 100 g 豆粕计,加入提取液(CaCl₂,0.5 mol/L)1 L 混合。

②用 2 mol/L NaOH 调节 pH 至 8.0,室温搅拌 2 h 后离心(8000 r/min,20 min,25 ℃),取上清液。

③上清液用 2 mol/L HCl 调节 pH 至 4.5,在 4 ℃静置 30 min 后再次离心(5000 r/min,30 min,4 ℃)。

④向沉淀中加入蒸馏水,调 pH 至 7.5,纯水中透析 48 h 后,冷冻干燥即得大豆蛋白。

(3)测定大豆蛋白粉末的澄清度。

以 100 g 豆粕计,加入蒸馏水 10 L 配成浓度为 1 kg/L 的溶液,搅拌至完全溶解后,调节 pH 至 3.0、3.5、4.0、4.5 取样,利用紫外分光光度计测定其在 600 nm 处透光值(透光值与澄清度成反比)。

(4)植酸含量测定。

取 0.1 g 样品加 2 mL 浓度为 2.4% 的盐酸混匀,搅拌 16 h 后离心(10000 r/min,10 min)。取上清液 1 mL,加入 0.1 g NaCl 搅拌溶解,4 ℃下静置 60 min 后离心(10000 r/min,10 min)。取上清液 100 μL 于试管中,加蒸馏水 2900 μL 混匀,加入显色剂 1.00 mL(0.06% FeCl₃:0.6% 水杨酸=1:1),震荡混匀后用紫外分光光度计在 500 nm 处测定其吸光值,标准液为 3 mL 水加 1 mL 显色剂,然后参照 GB 5009.153—2016《食品安全国家标准 食品中植酸的测定》,在标准曲线上查得或通过回归方程计算出试液中植酸含量。

(5)测定蛋白质含量。

利用凯式定氮法测定蛋白质含量。

调节 pH 和温度,植酸酶处于较高活性,有效分解植酸(肌醇六磷酸)。

如果没有调节 pH 和温度,会影响大豆蛋白的纯度。

最后一次超滤-渗滤后无需加入蒸馏水。

一边高速搅拌一边加盐酸调节 pH,加酸量过高或过低都影响得率。

五、思考题

利用超滤–渗滤法和碱溶酸沉法制备的大豆蛋白有何差异？

六、参考文献

[1] 陈卓.超滤–渗滤技术制备饮料专用大豆蛋白的研究[D].广州:华南理工大学,2014.

[2] IWABUCHI S , YAMAUCHI F .Determination of glycinin and.beta.—conglycinin in soybean proteins by immunological methods[J].Journal of Agricultural and Food Chemistry,1987,35(2):200–205.

[3] 韩丽华.碱溶酸沉法生产大豆分离蛋白及影响质量、出率的主要因素[J].中国油脂.1998,23(06):29–31.

实验三

亚麻籽油微胶囊加工

一、实验目的

1.了解亚麻籽油的生物活性和微胶囊加工技术的原理和方法。

2.初步掌握制备亚麻籽油微胶囊的工艺。

二、实验原理

亚麻籽油对氧的敏感性及其特殊的气味,大大限制了其在食品方面的应用。微胶囊技术可以保护亚麻籽油不饱和脂肪酸不被氧化,提高它的抗敏感性,并隐藏它的特殊气味。通过喷雾干燥法,用植物蛋白对油进行包裹,在热气流的作用下,乳状液中的水分蒸发,壁材在瞬间包围芯材,形成微胶囊产品。

三、实验材料与设备

1. 实验材料

亚麻籽油、大豆分离蛋白、麦芽糊精。

2. 实验设备

电子天平、电热恒温水浴锅、电热恒温鼓风干燥箱、高压均质机、台式喷雾干燥机。

四、实验内容

1. 原料的选择和预处理

亚麻籽油选择低温冷榨工艺制备。

2. 配方

芯材:壁材=1:2;壁材配方为:大豆分离蛋白:麦芽糊精=1:3。

3. 工艺流程

溶解壁材、芯材→加入亚麻籽油→剪切乳化→高压均质→喷雾干燥→冷却、包装→成品。

4. 操作要点

(1)称取一定质量大豆分离蛋白在65 ℃条件下溶解于蒸馏水中,溶解过程中不断搅拌,待完全溶解后向其中缓慢加入麦芽糊精,不断搅拌均匀,制成壁材溶液A。将亚麻籽油在相同温度下加热,搅拌熔化,形成芯材溶液B。

(2)在50~55 ℃,1200 r/min的搅拌速度下,将芯材溶液B缓慢加入壁材溶液A,混合后继续搅拌5 min,得初步乳化液C。

(3)将乳化液C在30 MPa下均质2次,得到最终乳化液D。

(4)对所得乳化液D进行喷雾干燥,制得亚麻籽油微胶囊粉末。制备工艺参数选择入口的温度为190 ℃,出口的温度为90 ℃。

(5)包装:微胶囊粉末粉冷却后进行真空密封包装。

5. 包装和贮藏

真空密封包装,常温贮藏。

6. 卫生标准

菌落总数(CFU/g)≤3×10⁴,大肠菌群(MPN/100 g)≤40,霉菌和酵母(MPN/100 g)≤50,致病菌(沙门氏菌、金黄色葡萄球菌、志贺氏菌)不得检出。

> 喷雾干燥制备微胶囊工艺中,制备稳定的乳化液对最终产品的形成至关重要。如果乳液稳定性不好,喷雾干燥过程中易出现破乳现象,使产品包埋率下降。制备乳化液的配方和各项工艺参数均需要仔细筛选,以达到制备乳化液稳定的目的。

7. 感官评定

感官评定标准

评定指标	评定标准	分数
外观(权重35%)	粉末状,颗粒均匀,色泽一致,无杂质,无霉变	100—70
	颗粒大小不一,色泽不均匀或有少量杂质	<70—35
	结块严重,杂质较多,明显霉变	<35—0
气味(权重30%)	微有亚麻籽油香味,无酸败等异味	100—70
	亚麻籽油香味寡淡	<70—35
	无香味,有明显酸败等异味	<35—0
水中分散性(权重35%)	产品与水混合能形成乳状液均匀分散于水中	100—70
	分散性较好,有少量沉淀	<70—35
	分散性差,沉淀较多	<35—0

五、思考题

1.亚麻籽油的生物活性有哪些?

2.微胶囊的制备方法主要有哪些? 各有什么优缺点?

六、参考文献

[1] 常慧敏,田少君,丁芳芳.米糠蛋白的超声改性及在亚麻籽油微胶囊中的应用研究[J].河南工业大学学报(自然科学版),2020,41(01):19-25.

[2] 刘斯博,田少君.亚麻籽油微胶囊的工艺优化及稳定性研究[J].粮食与油脂,2017,30(07):83-87.

[3] 李懿.响应面法优化亚麻籽油微胶囊制备工艺[J].食品研究与开发,2016,37(12):113-116.

[4] 中华人民共和国农业部.鱼油微胶囊:SC/T 3505—2006 [S].北京:中国标准出版社,2006.

实验四

感应电场处理对橙汁常规理化性质的影响研究

一、实验目的

1. 了解感应电场对橙汁理化性质的影响。

2. 掌握橙汁的酶活、菌落总数、pH、色泽、可溶性固形物的测定方法。

二、实验原理

感应电场（IEF）是一种基于法拉第电磁感应的非热加工技术。将玻璃弹簧缠绕于铁氧体闭合铁芯的一侧，内部充满流动的苹果汁作为次级线圈，通过电能—磁能—电能转换，在初级线圈上施加电压，就会在闭合铁氧体内产生磁场，进一步在次级线圈中的苹果汁内产生感应电场，从而实现对橙汁的处理。

三、实验材料与仪器

1. 实验材料

橙子、磷酸钠缓冲液、含1%愈创木酚的磷酸盐缓冲液、过氧化氢。

2. 实验装置

连续流感应电场系统：初级铜线线圈（NPi=92）、次级料液线圈（NSi=23 匝，长度 2930 mm，内径 3 mm，壁厚 1 mm，容量 28 mL）和217 mL的冷凝腔体用于稳定样品处理温度。单个反应器以串联的方式连接构成整个连续流处理体系。工作时，电源发出激励电压施加在初级线圈上，次级样品线圈上产生感应电压。根据法拉第电磁感应定律，变化的磁通量使相邻样品线圈之间产生电位差。

3. 实验设备

榨汁机、紫外可见光分光光度计、pH计、手持折光仪、测色仪。

四、实验内容

1. 原料的预处理

先将橙子去皮,切成小块,再利用榨汁机榨汁。过滤后用连续流感应电场系统(20 kHz)处理橙汁。以未经感应电场处理的橙汁作为空白对照。

2. 多酚氧化酶(PPO)测定

1 mL磷酸盐缓冲液、1 mL邻苯二酚溶液和1 mL酶提取液。将反应物加入1 cm的比色皿中,使用紫外可见光分光光度计在30°C条件下于425 nm处测吸光度,每隔20 s自动读数一次,连续读数3 min。以煮沸5 min的橙汁作为对照。光吸收曲线的初始斜率用来表示PPO的活性,以1 mL酶液的吸光度每分钟变化0.001为一个酶活性单位。

3. 过氧化物酶(POD)测定

将1 mL橙汁加入1 mL磷酸钠缓冲液(0.05 mol/L,pH = 6.5)中,于10000 g,4 ℃离心15 min,收集上清液。取1 mL酶提取液和2 mL含有1%愈创木酚的磷酸盐缓冲液(0.05 mol/L,pH = 6.5)加入1 cm的比色皿中,再加入0.15 mL H_2O_2溶液,使用紫外可见光分光光度计在30 ℃条件下于470 nm处进行吸光度测定,每隔20 s自动读数一次,连续读数3 min。以煮沸5 min的橙汁作为对照。

4. 菌落总数测定

以无菌吸管吸取25 mL橙汁置于盛有225 mL生理盐水的锥形瓶中,充分混匀。用移液枪吸取1 mL,沿管壁缓慢注于盛有9 mL稀释液的试管中,用枪头反复吹打使其混合均匀。按照上述步骤制备10倍系列稀释样品匀液。根据对样品污染状况的估计,选择2~3个适宜稀释度的样品匀液或原液。及时将15~20 mL冷却至46 ℃的平板计数琼脂培养基倾注平板,并转动平板使其混合均匀。待琼脂凝固后,将平板翻转,36±1 ℃培养48±2 h。选取菌落数在30~300 CFU之间、无蔓延菌落生长的平板计数菌落总数。每个稀释度的菌落数应采用两个平板的平均数。以煮沸5 min的橙汁作为对照。

5. 色泽测定

利用测色仪测定橙汁的L, a, b值。以煮沸5 min的橙汁作为对照,计算总色差$\Delta E = (\Delta L^{*2} + \Delta a^{*2} + \Delta b^{*2})^{1/2}$。

枪头、试管、平板等需要提前灭菌,并在无菌操作台内完成操作。

6. 可溶性固形物测定

用便携式手持折光仪测定橙汁的固形物含量，单位为"°Brix"。以煮沸 5 min 的橙汁作为对照。

先调零，再测定。

7. pH 测定

先用蒸馏水冲洗电极，然后将 pH 计的电极放入 pH 缓冲液并进行校准，然后再对橙汁进行 pH 的测定。以煮沸 5min 的橙汁作为对照。

五、思考题

1. 感应电场处理橙汁后，发生了哪些变化？为什么？

2. 测定橙汁的酶活时，为什么要以煮沸 5 min 的橙汁样品作为空白对照？

六、参考文献

[1] 张梦月.苹果汁在感应电场处理下的理化品质变化研究[D].无锡:江南大学,2018.

[2] Christace Queiroz, Antonio Jorge Ribeiro da Silva, Maria Lúcia Mendes Lopes, et al. Polyphenol oxidase activity, phenolic acid composition and browning in cashew apple (Anacardium occidentale, L.) after processing [J]. Food Chemistry,2010,125(1):128–132.

[3] Nete Aydin, Asým Kadioglu. Changes in the chemical composition,polyphenol oxidase and peroxidase activities during development and ripening of Medlar fruits (Mespilus germanica L.) [J].General and Applied Plant Physiology,2001,250(27):3–4.

实验五

拉曼光谱检测面团冻结过程中的水分分布

一、实验目的

1.研究面团冻结过程中水分变化规律。

2.掌握利用拉曼光谱测定面团水分变化的方法。

二、实验原理

拉曼光谱分析法是基于拉曼散射效应,对与入射光频率不同的散射光谱进行分析以得到分子振动、转动方面信息,并应用于分子结构研究的一种分析方法。

拉曼光谱技术可以表征水分子的振动特征及氢键结构,其中 $3100\sim3500\ cm^{-1}$ 之间的条带被认为是"—OH"基团的伸缩振动,能够反映水分子内氢键的振动。

三、实验材料与设备

1. 实验材料

小麦粉、蒸馏水。

2. 实验设备

拉曼光谱仪、冷冻干燥机、和面机。

四、实验内容

1. 原料的预处理

称取 300 g 小麦粉,加入 150 g 蒸馏水,置于和面机中搅拌揉和 10 min(150 r/min)使其成为干湿均匀的松散颗粒面团,用保鲜膜密封待用。

可根据实际情况调整水量、和面时间。和好的面团须干湿均匀且光滑,否则会影响实验结果。

2.拉曼光谱测定冷冻面团

光谱采集参数:激发波长785 nm,光谱分辨率3 cm⁻¹,积分时间10 s,发射功率为总功率的50%。将面团置于低温恒温冷冻室中于-20 ℃冻结1 h,然后将拉曼光谱仪的光纤探头置于面团上方固定位置不变,每隔2 s采集光谱1次(包括0 min),共采集30次。每个样品重复测定3次,取平均值。通过分析拉曼光谱中3100~3400 cm⁻¹之间的条带,研究面团冻结过程中水分变化规律。

五、思考题

"—OH"基团的伸缩振动(反映水分子内氢键的振动)与冷冻面团中的水分变化有什么关系?

六、参考文献

[1]孙璐,陈斌,高瑞昌,等.拉曼光谱技术在食品分析中的应用[J].中国食品学报,2012,12(12):113-118.

[2]张艳艳,李银丽,王磊,等.基于拉曼光谱的面团冻结过程中水分分布的在线监测[J].中国粮油学报,2018,33(12):111-117.

[3]李银丽.超声辅助冷冻对面团加工品质的影响及其作用机制研究[D].郑州:郑州轻工业大学,2019.

实验六

热加工对猪皮胶原蛋白质构特性的影响

一、实验目的

1. 掌握质构仪的使用方法。
2. 了解热加工对猪皮胶原蛋白质构特性的影响。
3. 确定能够改善猪皮胶原蛋白质构特性的最佳温度和时间。
4. 明确在热加工处理下,猪皮胶原蛋白质构特性变化的规律。

二、实验原理

热加工对于获得可口和安全的肉制品是必不可少的处理,加热处理有利于改善肉的口感,杀灭致病菌,保证肉品安全。猪皮中含有大量的胶原蛋白质,其在烹调过程中可转化成明胶,明胶具有网状空间结构。质构特性是糜类肉制品的重要特性,包括脆性、硬度、凝聚性、弹性和胶黏性等指标,是影响食品可接受性的重要因素之一,在肉制品质地的评价中具有重要意义,猪皮等胶原蛋白的质构在热处理后会急剧发生变化,因此,对热处理后的猪皮胶原蛋白进行质构分析可以更好地指导其在肉品中的应用。

三、实验材料和设备

1. 实验材料
猪皮。

2. 实验设备
电子天平、质构仪、斩拌机、漩涡混合器、恒温水浴锅、温度计。

四、实验内容

1. 操作流程
猪皮解冻→修整→脱脂→清洗→蒸煮→冷却→切型→质构测定。

2. 操作要点

（1）猪皮解冻

将脱毛处理后的猪皮解冻、去污。

（2）修整

将未脱除的猪毛剔除干净，除去脂肪，并将猪皮修剪成规则形状。

（3）脱脂

将猪皮置于1000 mL烧杯中，加入质量（体积）为原料4倍的5% $NaHCO_3$溶液中，加热至30~40 ℃，浸泡10 min，并不断搅拌，加速除去污物及残余脂肪。

（3）清洗

用35 ℃温水充分清洗脱脂后的猪皮，去除表面残留的碱液。

（4）蒸煮

选取煮制温度分别为60 ℃、70 ℃、80 ℃和90 ℃时，煮制时间分别为20 min、40 min和60 min，用温度计测量水温；煮制结束后收集样品，冷却到不烫手时，立即测定质构特性。

（5）切型

将蒸煮后的猪皮再次修整切型，切片大小为5 cm×5 cm。

（6）质构测定

测定质构特性，将煮制后的样品修整成横截面积为1 cm×1 cm，厚度为1 cm的试样（两层猪皮叠一块）。

测试条件：采用"二次压缩（TPA）模式"，使用直径为5 cm的圆形探针，压缩比为50%，测试速度为1 mm/s，测前速度为2 mm/s，测后速度为1 mm/s，间隔时间为5 s，触发力为5 g，选取硬度、弹性、咀嚼性和黏聚性4个指标进行分析。

> 温度对胶原蛋白影响很大，因此样品煮制完成冷却至常温，应立即测定质构特性。
>
> 切猪皮样品时，应尽量保证每块样品的大小一致，以减小实验误差。
>
> 质构仪在操作时必须严格按规程操作，投用仪器前须预热。

五、数据记录

指标	煮制时间/min	煮制温度/℃			
		60	70	80	90
硬度	20				
	40				
	60				

续表

指标	煮制时间/min	煮制温度/℃			
		60	70	80	90
弹性	20				
	40				
	60				
咀嚼性	20				
	40				
	60				
黏聚性	20				
	40				
	60				

六、思考题

1.质构仪的参数如何设置才合理?

2.哪些指标能更好地反映猪皮胶原蛋白的特性?

3.热加工条件下,哪一个因素对猪皮胶原蛋白的质构特性影响更显著?

4.热加工改变了猪皮胶原蛋白的哪些结构?

5.猪皮胶原蛋白的质构特性与结构有何相关性?

七、参考文献

[1] 王妍.牦牛瘤胃蛋白质功能特性研究及其三种烹饪方式加工工艺优化[D].兰州:甘肃农业大学,2018.

[2] 刘晶晶,雷元华,李海鹏,等.加热温度及时间对牛肉胶原蛋白特性及嫩度的影响[J].中国农业科学,2018,51(05):977-990.

[3] 黄明,黄峰,张首玉,等.热处理对猪肉食用品质的影响[J].食品科学,2009(23):189-192.

[4] 唐琳,李春保,胡玉香,等.工艺条件对猪皮提取物质构和微观结构影响的初步研究[J].农业工程学报,2008,24(12):269-274.

[5] 陈丽清,陈清,韩佳冬,等.猪皮超声波乳化脱脂工艺的研究[J].食品工业科技,2012,33(16):265-267.

[6] 孙红光.乳化猪皮在肉制品中的应用[J].肉类工业,2016(03):18-19.

超声波生产蛋黄卵磷脂理化特性分析

一、实验目的

1.掌握蛋黄卵磷脂的提取原理及蛋黄卵磷脂的理化特性。

2.掌握蛋黄卵磷脂提取设备的工作原理和操作方法。

二、实验原理

蛋黄卵磷脂是从鸡蛋黄中提取精制而成的一种复合磷脂,它包括磷脂酰胆碱、磷脂酰乙醇胺、磷脂酰肌醇以及磷脂酰丝氨酸等。超声波辅助萃取技术(Ultrasound-assisted Extraction, UAE)为新兴的提取技术,超声波因安全无害,具有传递均匀、处理时间短、能耗低等特点,故采用超声波辅助提取技术来制备高纯度蛋黄卵磷脂,可促进蛋黄中脂质体的破坏,提高卵磷脂产品的纯度。

三、实验材料和设备

1. 实验材料

鸡蛋、无水乙醇和丙酮(均为分析纯)。

2. 实验设备

超纯水机、多头磁力加热搅拌器、真空干燥箱、水浴锅、旋片式真空泵、电子天平、超声波细胞粉碎机。

四、实验内容

1. 原料的选择和预处理

将购买的新鲜鸡蛋清洗干净,置于1000 mL烧杯中,加入600 mL自来水,用调温电热套加热20 min后冷却10 min,剥去蛋壳,去除蛋白,取蛋黄放入干净的研钵中碾碎并搅拌均匀,取样称重待用。

2. 工艺流程

(1)准确称取10 g蛋黄放入超声微波协同萃取瓶中,加入质量分数为70%的乙醇溶液,并振荡摇匀,使蛋黄与乙醇溶液[料液比为1:4(g/mL)]完全接触。在时间程序下设置700 W的微波功率与40 s萃取时间,开超声开关(超声功率50 W频率40 kHz)进行超声微波协同萃取。

(2)卵磷脂的处理:萃取结束,将提取物进行真空抽滤,所得滤液转移至旋转蒸发仪中浓缩至二分之一体积,加入浓缩液一半体积的丙酮溶液使卵磷脂沉淀,放置15 min后进行二次抽滤,取出沉淀物,置于真空干燥箱中,温度40 ℃,烘干至恒重,即为粗卵磷脂。

鸡蛋卵磷脂得率的计算公式为:

$$Y = m_1/m_2 \times 100\%$$

式中:Y——卵磷脂得率,单位为(%);m_1——粗卵磷脂的质量,单位为g;m_2——蛋黄的质量,单位为g。

3. 操作要点

(1)超声波提取

加入一定量的酶和乙醇进行超声波提取。

(2)离心

将配好的溶液进行离心,离心机的转速为4000 r/min,时间为10 min,取上清液。

(3)蒸发回收

将两次提取的上清液在旋转蒸发仪上回收获得粗卵磷脂。

(4)丙酮洗涤

加入丙酮除去杂质,卵磷脂不溶于丙酮而产生沉淀。

(5)干燥

将粗卵磷脂放入真空干燥箱中,得到干物质。

4. 检测方法

(1)感官:纯净的卵磷脂在液体时呈淡黄色,有清淡柔和的香味;纯净的磷脂在室温下为白色蜡状固体,在低温下可结晶,并呈可塑性、流动性。

超声辅助的时间、温度和功率都需按照实验要求严格控制,因为时间的长短会使卵磷脂氧化和溶剂挥发,温度的高低对提取时的分子环境有影响,温度低,分子运动缓慢,消耗时间长,高温可以破坏脂蛋白的连接结构,但同时黏度增大,也不利于提取。

蒸去乙醇时,切不可使用明火(如酒精灯)直接加热,以免发生火灾。

酮洗涤时,要洗干净杂质,洗到样品发白为止。

脂应隔绝氧气、避光储藏。磷脂易氧化,在空气、阳光中不稳定,易氧化酸败变黑。

温度影响卵磷脂稳定性,脂应当存放在室温(25 ℃)或冷藏(4 ℃)环境中。

（2）蛋白质的测定：参照GB 5009.5—2016《食品安全国家标准 食品中蛋白质的测定》中的凯氏定氮法进行测定。

（3）脂肪的测定：参照GB 5009.6—2016《食品安全国家标准 食品中脂肪的测定》中的索氏抽提法进行测定。

（4）水分的测定：参照GB 5009.3—2016《食品安全国家标准 食品中水分的测定》中的直接干燥法进行测定。

（5）酸价的测定：参照GB 5009.229—2016《食品安全国家标准 食品中酸价的测定》中的冷溶剂指示剂滴定法进行测定。

（6）总磷脂的测定：称取0.5 g卵磷脂提取物于坩埚中，加入0.5 g氧化锌，于酒精灯上加热至全部炭化。再将其放入马弗炉中进行完全灰化，加入10 mL1∶1盐酸溶液，加热到微沸，加热时间为5 min，然后将其过滤到50 mL锥形瓶中，用5 mL热水冲洗坩埚3次，将洗液完全转移至锥形瓶中，加入50%氢氧化钾溶液中和至出现浑浊，再加入1∶1盐酸溶液使沉淀溶解，再加两滴。最后用水稀释至100 mL。取10 mL待测液，加入8 mL 0.015%硫酸联氨溶液，2 mL 2.5%钼酸钠溶液。充分摇匀，放在沸水浴中加热10 min，然后冷却至室温。再加入5 mL去离子水，静置10 min后，用分光光度计在650 nm处测定吸光度。对比磷脂酰胆碱标准曲线（$y = 0.475x + 0.0016$，$R_2 = 0.999$），按以下公式计算卵磷脂含量。

卵磷脂含量计算公式：

$$c(\text{mg/g}) = (P/m) \times (V_1/V_2) \times 26.31$$

式中：c——卵磷脂含量，mg/g；P——标准曲线所对应的磷含量，mg；m——卵磷脂提取物样品的质量，g；V_1——样品灰化后稀释的体积，mL；V_2——检测时所取的待测液体的体积，mL。

五、思考题

1.卵磷脂有什么功能？

2.卵磷脂的应用方向有哪些？

3.蛋黄卵磷脂的提取方法有哪些？

4.与常规溶剂提取方法相比，超声波辅助萃取为什么能提高卵磷脂的提取率？

5.实验选用浓度为70%的乙醇溶液，乙醇浓度为什么对提取率有影响？

六、参考文献

[1] 高进.高纯度蛋黄卵磷脂的提取、纯化及分析研究[D].长沙：湖南农业大学,2009.

[2] 张椿,吴昊,周旋,等.超声微波协同萃取鸡蛋卵磷脂的工艺优化[J].食品研究与开发,2018,39(07):42–46.

[3] 常皓,王二雷,宫新统,等.蛋黄卵磷脂研究概况[J].食品工业科技,2010(5):414-416.

[4] 周婧.高纯度蛋黄卵磷脂的制备工艺[D].北京:北京化工大学,2011.

[5] 李扬.高纯度蛋黄卵磷脂制备工艺的研究[D].长春:吉林大学,2007.

[6] 徐明明,吕晶,方欣欣,等.蛋黄卵磷脂和蛋黄磷脂酰胆碱的组成与结构分析[J].中国药师,2014(10):1669-1672.

[7] 中华人民共和国国家食品药品监督管理总局,国家卫生和计划生育委员会.食品安全国家标准 食品中蛋白质的测定:GB 5009.5—2016 [S].北京:中国标准出版社,2016.

[8] 中华人民共和国国家食品药品监督管理总局,国家卫生和计划生育委员会.食品安全国家标准 食品中脂肪的测定:GB 5009.6—2016 [S].北京:中国标准出版社,2016.

[9] 中华人民共和国国家卫生和计划生育委员会.食品安全国家标准 食品中水分的测定:GB 5009.3—2016 [S].北京:中国标准出版社,2016.

[10] 中华人民共和国国家卫生和计划生育委员会.食品安全国家标准 食品中酸价的测定:GB 5009.229—2016 [S].北京:中国标准出版社,2016.

[11] 宋晓燕,周锦珂,李金华,等.超声强化提取蛋黄卵磷脂的工艺研究[J].中药材,2008(10):1572-1574.

[12] 刘文倩,廖泉,赵玲艳,等.卵磷脂提取与纯化技术研究进展[J].食品与机械,2014,30(01):267-271.

实验八

不同加工方式对鱼肉风味成分影响

一、实验目的

1.学习鱼肉风味的测定方法。

2.了解不同加工方式对鱼肉的风味影响不同,产生的风味特征物质存在差异。

3.熟悉风味检测数据的解析方法。

二、实验原理

加工技术不仅能够延长产品的货架期还能提高原料的利用率和附加值,由于各种加工方式的加工原理和工艺不一样,加工过程中对鱼肉的营养成分和风味影响也大不相同,最终影响着生产成本和消费者的感官喜好。

三、实验材料和设备

1. 实验材料和预处理

鱼:从当地生鲜市场采购鲜鱼,快速宰杀后去内脏和鳞片,并清洗干净。

2. 仪器设备

气质联用仪、干燥箱、装料盘、冻干机、低温冰冻柜、集热式恒温加热磁力搅拌器、真空封装机。

四、实验内容

1. 加工方式

将12条清洗后的鱼浸泡于浓度为15%的盐溶液中1 h,料液比为1:4;腌制之后分为4组,每组3条,分组标号1~4。

鱼肉盐渍加工时,为了得到更好的腌制品,可以适当缩短腌制的时间并控制腌制温度、加压腌制、不同腌制方法相结合等方法来实现。

(1)将1号样吊挂在室外阴凉通风处自然晾晒1周。

(2)将2号样置于60℃恒温鼓风干燥箱中烘干24 h,每隔3 h翻动一次,反复翻动6次。

(3)将3号样置于电炸炉中140℃进行油炸。

(4)将4号样在-36℃冷冻过夜后置于冷冻干燥机中干燥24 h。

将所有样品干燥后进行真空密封,置于常温干燥器中以待分析。

2. 挥发性成分的测定

固相微萃取条件:称取3 g鱼肉于50 mL螺口样品瓶中,加入12 mL去离子水和4 g NaCl,用聚四氟乙烯隔垫密封,60℃置于磁力搅拌器中水浴平衡15 min。然后用DVB/CAR/PDMS(二乙烯基苯/碳分子筛/聚二甲基硅氧烷)50/30 μm萃取头顶空吸附60 min后,将萃取头插入GC进样,解析5 min。

色谱条件:柱型采用Agilent HP−5 ms毛细管柱(60 m×250 μm×0.25 μm);程序升温,初温40℃以2.5℃/min的速率升温到130℃,保持1 min。再以8℃/min的速率升温到250℃保持1 min;进样口温度270℃,不分流;载气为氦气;体积流量为1.0 mL/min。

质谱条件:电离方式为EI;电子能量70 eV;电压350 V;连接口温度280℃;离子源温度230℃;四极杆温度150℃;质量扫描范围m/z 35~395。

定性与半定量方法:化合物定性采用NIST08数据库检索定性;化合物定量方法为内标法,采用乙酸正戊酯为内标进行半定量。

计算公式:

$$各挥发性成分的含量(ng/g) = \frac{各组分的峰面积 \times 内标物质量(ng)}{内标物峰面积 \times 样品量(g)}$$

五、思考题

1.对鱼肉的加工方式还有哪些? 各自的优缺点分别是什么?

2.不同加工方式下风味形成途径分别有哪些?

3.固相微萃取技术结合气质联用仪技术用于风味检测有哪些优缺点? 适用范围有哪些? 除上述方法外还有什么方法可用于风味检测?

六、参考文献

[1] 李冬生,李阳,汪超,等.不同加工方式的武昌鱼鱼肉中挥发性成分分析[J].食品工业科技,2014,35(23):49−53.

［2］李敬,韩冬娇,刘红英.不同加工方式对鱼肉组织质地影响的研究进展[J].食品安全质量检测学报,2015,6(10):3964-3969.

［3］步营,李月,朱文慧,等.不同烹饪方式对海鲈鱼品质和风味的影响[J].中国调味品,2020,045(001):26-30.

［4］于小番,夏超,许慧卿.加工方式及中心温度对黄颡鱼基础营养成分及风味的影响[J].中国调味品,2020(8):20-23.

实验九

pH对动物蛋白制品嫩度的影响

一、实验目的

1. 掌握肉品嫩度和pH的测定方法。
2. 了解不同原料肉的嫩度差异及其与肉品pH的关系。

二、实验原理

肌肉嫩度的测定方法通常用剪切、穿刺、破碎的方法,直接测量肌肉的韧性力度,其中,剪切法在肉品嫩度评定中应用普遍。家畜生前肌肉的pH为7.1~7.2。宰后由于缺氧,肌肉中代谢过程发生改变,肌糖原无氧酵解,产生乳酸,三磷酸腺苷迅速分解,使肉pH下降,宰后24 h新鲜肉浸出液的pH通常在5.8~6.2范围之内。肉品发生腐败时,由于肉内蛋白质在细菌酶的作用下,被分解为氨和胺类化合物等碱性物质,因而使肉趋于碱性,pH显著增高。此外,宰后肌肉pH变化直接影响肌肉的嫩度。

三、实验材料和设备

1. 实验材料

猪背脊肉、牛背脊肉或鸡胸肉,氯化钾,蒸馏水。

2. 仪器设备

均质器、肉品酸度计、标准沃布剪切力仪、恒温水浴锅、热电耦测温仪等。

四、实验内容

1. 原料的选择和预处理

原料采用新鲜或无腐败变质的猪背脊肉、牛背脊肉或鸡胸肉。

2. pH测定

(1)参照方法

参照国标GB 5009.237—2016《食品安全国家标准 食品pH的测定》中肉及肉制品测定pH的方法测定样品pH。

(2)肉样制备

将肉样使用1~2个不同水的梯度进行溶解,然后使用机械设备将试样均质,在均质化试样中加入10倍待测试样质量的氯化钾溶液,用均质器进行均质。

(3)pH计的校正

用两个已知精确pH的缓冲溶液(尽可能接近待测溶液的pH),在测定温度下用磁力搅拌器搅拌的同时校正pH计。

(4)pH测定

取一定量能够浸没或埋置电极的试样,将电极插入试样中,将pH计的温度补偿系统调至试样温度(若pH计不带温度补偿系统,应保证待测试样的温度在20 ± 2 ℃)。采用适合于所用pH计的步骤进行测定,读数显示稳定以后,直接读数,准确至0.01,最后用脱脂棉先后蘸乙醚和乙醇擦拭电极,最后用水冲洗并按生产商的要求保存电极。

3. 肉嫩度的测定

(1)参照方法

按照NY/T 1180—2006《肉嫩度的测定 剪切力测定法》进行测定。

(2)样品处理

取肉样长×宽×高不少于6 cm×3 cm×3 cm的整块肉样,剔除肉表面的筋、腱、膜及脂肪。取中心温度为0~4℃的肉样,放入功率为1500 W恒温水浴锅中80 ℃加热,用热电偶测温仪测量肉样中心温度,待肉样中心温度达到70 ℃时,将肉样取出冷却至中心温度为0~4 ℃。用直径为1.27 cm的圆形取样器沿与肌纤维平行的方向钻切肉样,孔样长度不少于2.5 cm,取样位置应距离样品边缘不少于5 mm,两个取样的边缘间距不少于5 mm,剔除有明显缺陷的孔样,测定样品数量不少于3个。取样后应立即测定。

(3)测定

将孔样置于仪器的刀槽上,使肌纤维与刀口走向垂直,启动仪器剪切肉样,测得刀具切割这一用力过程中的最大剪切力值(峰值),为孔样剪切力的测定值。

(4)嫩度计算

记录所有的测定数据,取各个孔样剪切力的测定值的平均值扣除空载运行最大剪切力,计算肉样的嫩度值。

(5)肉样嫩度计算公式:

$$X = \frac{X_1 + X_2 + X_3 + \cdots + X_n}{n} - X_0$$

式中:X——肉样的嫩度值,单位为牛顿(N);

X——有效重复孔样的最大剪切力值,单位为牛顿(N);

X_0——空载运行最大剪切力,单位为牛顿(N);

n——有效孔样的数量。

五、思考题

1.不同品种和不同pH的肉的颜色有何差异? 为什么?

2.采样方式对肉的剪切力测定结果有影响吗? 为什么?

六、参考文献

[1] 周光宏,李春保,徐幸莲.肉类食用品质评价方法研究进展[J].中国科技论文在线,2007 (02):75-82.

[2] 王晶,罗欣,朱立贤,等.不同极限pH值牛肉品质差异及机制的研究进展[J].食品科学, 2019,40(23):283-288.

[3] 中华人民共和国国家卫生和计划生育委员会.食品安全国家标准 食品pH值的测定: GB 5009.237—2016 [S].北京:中国标准出版社,2016.

[4] 中国国家标准化委员会.畜禽肉质的测定:NY/T 1333—2007[S].北京:中国标准出版 社,2007.

牦牛乳与普通牛乳脂肪酸组成差异研究

一、实验目的

1. 了解乳及乳制品中提取和测定脂肪酸的原理。
2. 初步掌握测定脂肪酸的方法和技术。

二、实验原理

乳与乳制品中的脂肪经皂化处理后生成游离脂肪酸,在三氟化硼催化下进行甲酯化反应,经甲酯化后的脂肪酸通过气相色谱柱分离,以氢火焰离子化检测器检测,采用外标法进行定量测定。

三、实验材料与设备

1. 实验材料

新鲜的牦牛乳、普通奶牛乳。

2. 实验试剂

甲醇(色谱纯),正己烷(色谱纯),乙醚,石油醚(沸程30~60 ℃),95%乙醇,25%氨水,高峰氏淀粉酶(Taka-Diastase, 128 U/mg),三氟化硼甲醇溶液(质量分数为14%)饱和氯化钠溶液,氢氧化钾甲醇溶液(0.5 mol/L),焦性没食子酸甲醇溶液(10%),脂肪酸甲酯标准物质,脂肪酸甲酯标准工作溶液,配置方法参见 GB 5009.168—2016。

3. 实验设备

电子天平、100 mL抽脂管、旋转蒸发仪、离心机、恒温水浴锅、气相色谱仪(带FID检测器)。

四、实验内容

1. 原料的选择和预处理

将牛乳原料置于0~4 ℃贮藏,测定之前从冰箱取出,放至室温。

2. 工艺流程

原料乳→脂肪提取→皂化酯化→测定→计算脂肪酸含量。

3. 操作要点

(1)脂肪提取:称取 10 g(精确到 0.1 mg)试样于抽脂管中,在制备好的样品中加入 10 mL 95% 乙醇,混匀。加入 25 mL 乙醚,加塞振摇 1 min。加入 25 mL 石油醚,加塞振摇 1 min,静置、分层,有机层转入磨口烧瓶中。再加入 25 mL 乙醚及 25 mL 石油醚,加塞振摇 1 min,静置、分层,有机层转入磨口烧瓶中,再重复操作一次。合并抽提液于磨口烧瓶中,用旋转蒸发仪浓缩至干。

(2)皂化酯化:在浓缩物或无水奶油中加入 1.0 mL 焦性没食子酸甲醇溶液。浓缩干燥之后再加入 10 mL 氢氧化钾甲醇溶液置于 80±1 ℃水浴上回流 5~10 min。再加入 5 mL 三氟化硼甲醇溶液,继续回流 15 min,冷却至室温,将烧瓶中的液体移入 50 mL 离心管中,分别用 3 mL 饱和氯化钠溶液清洗烧瓶三次,合并饱和氯化钠溶液于 50 mL 离心管,加入 10 mL 正己烷,振摇后,以 5000 r/min 的速度离心 5 min,取上清液作为试液,供气相色谱仪测定。

(3)测定:分别准确吸取 1.0 μL 脂肪酸甲酯标准工作溶液及试液注入色谱仪,平行测定次数不少于 2 次,以色谱峰峰面积定量。

色谱参考条件如下。

色谱柱:固定液 100% 二氰丙基聚硅氧烷,100 m×0.25 mm,0.20 μm,或性能相当的色谱柱。载气:氮气。载气流速:1.0 mL/min。进样口温度:260 ℃。分流比:30:1。检测器温度:280 ℃。柱温箱温度:初始温度 140 ℃,保持 5 min,以 4 ℃/min 升温至 240 ℃,保持 15 min。进样量:1.0 μL。

(4)计算脂肪酸含量:

①试样中各脂肪酸的含量按下公式计算:

$$X_i = \frac{A_{si} \times C_{stdic} \times V \times F}{A_{stdi} \times m} \times 100\% \qquad (1)$$

式中:X_i——试样中各脂肪酸的含量,单位为毫克每百克(mg/100 g);

A_{si}——试样溶液中各脂肪酸甲酯的峰面积;

C_{stdi}——脂肪酸甲酯标准工作液中各脂肪酸甲酯的浓度,单位为毫克每毫升(mg/mL);

V——(3)中加入正己烷的体积,单位为毫升(mL);

本法的检测灵敏度高,在分析时应注意防止由于色谱柱中高沸点固定液、样品净化不完全及载气不纯等带来的污染,使其灵敏度下降。

气相色谱仪跑完程序后,先用仪器面板调节进样器和检测器温度到 100 ℃,降温后再关闭程序。

A_{stdi}——混合标准工作液中各脂肪酸甲酯的峰面积;

F——各脂肪酸甲酯转化为脂肪酸的换算系数,参见GB5413.27—2010《食品安全国家标准 婴幼儿食品和乳品中脂肪酸的测定》中附录A中的表A.1;

m——试样的称样量,单位为克(g)。

②试样中总脂肪酸的含量按公式计算:

$$X_{TotalFA} = \sum X_i \tag{2}$$

式中:$X_{TotalFA}$——试样中总脂肪酸的含量,单位为毫克每百克(mg/100 g);

X_i——试样中各脂肪酸的含量,单位为毫克每百克(mg/100g);

以重复性条件下获得的两次独立测定结果的算术平均值表示,结果保留3位有效数字。

五、思考题

1.乳中的功能性脂肪酸有哪些?分别有什么功能?

2.简述气相色谱的原理及适用范围。

六、参考文献

中华人民共和国国家卫生和计划生育委员会,国家食品药品监督管理总局.食品安全国家标准 食品中脂肪酸的测定:GB 5009.168—2016[S].北京:中国标准出版社,2016.

实验十一

温度对凝乳酶凝乳特性的影响

一、实验目的

1. 了解凝乳酶的概念、来源,凝乳特性和凝乳机理。

2. 掌握用凝乳酶制作乳制品凝胶的操作步骤。

二、实验原理

凝乳酶的凝乳作用分为两个步骤:第一步,酶专一性地水解乳中 κ-酪蛋白多肽链的105位的苯丙氨酸和106位的甲硫氨酸之间的肽键,形成稳定副 κ-酪蛋白及亲水性糖巨肽;第二步,当总的 κ-酪蛋白被水解掉约80%时,在 Ca^{2+} 存在下通过在酪蛋白胶粒间形成的化学键而形成凝胶。其凝乳活性受反应条件如酶浓度、牛奶温度和pH以及钙离子浓度等的影响。

三、实验材料与设备

1. 实验材料

生鲜乳、凝乳酶、脱脂牛乳粉、氯化钙。

2. 实验设备

紫外扫描分光光度计、质构仪、电子天平、灭菌锅、电热恒温水浴锅、烧杯等用具。

四、实验内容

1. 原料的选择和预处理

生鲜乳要新鲜无抗生素,–4 ℃冷藏保存;凝乳酶–18 ℃保存。

2. 工艺流程

凝乳酶溶液配制→凝乳酶活力测定→灭菌→分装→添加凝乳酶溶液→测定样品的物性。

3. 操作要点

(1)凝乳酶溶液配制:凝乳酶需在使用前配置,称取凝乳酶干粉 0.15g,溶于 100 mL 超纯水中,制得 0.15 kg/L 的凝乳酶溶液。

(2)凝乳酶活力测定:凝乳活力的测定采用 Arima 的方法。取 5 mL 100 g/L 脱脂乳,35 ℃保温 5 min,加入 0.5 mL 凝乳酶溶液,迅速混合均匀,准确记录从加入待测液到乳凝固的时间。以 40 min 凝固 100 g/L 脱脂乳 1 mL 所需酶量定义为一个索氏单位(Soxhelt unit,Su)。

$$Su = 2400/T×5/0.5×D$$

式中,T——凝乳时间(s);D——稀释倍数。

(3)灭菌:取一定量生鲜乳(新鲜无抗牛乳)在 72 ℃条件下杀菌、16 s,然后冷却到 31℃,实验用到的杯子等用具也要进行杀菌。

(4)分装:根据实验设计的组数进行分装,设置 4~5 个温度组,每组 3 个重复,每个样品 50~100 mL,也可根据杯子大小进行调整。

(5)添加凝乳酶溶液:将实验样品分别在 25 ℃、30 ℃、35 ℃、40 ℃、45 ℃下保温 5 min,此时 pH 应约为 6.1,再分别加入 $CaCl_2$,添加量为杀菌牛乳的 0.02%,凝乳酶添加量 10 Su/mL。再继续保温 10~30 min。

(6)测定样品的物性:每组平行测定三次。质构测定采用 Return to start 下压法。参考参数为测试模式,力/压力;预压速度为 5 mm/s;速度为 1 mm/s;下压距离为 10.00 mm;PPS 为 200.0;探针为 P/45c。

五、思考题

1.影响凝乳酶凝乳特性的主要因素有哪些? 有什么影响?

2.凝乳酶的来源主要有哪些? 各有什么特性?

六、参考文献

赵笑,王辑,郑喆,等.酒曲发酵产凝乳酶条件优化及其凝乳特性研究[J].中国食品学报,2017,17(02):52-62.

凝乳酶的凝乳效果和酶的添加量正相关,可以根据测定的酶活力来调整实验中添加的酶溶液的浓度和实验中的添加用量。尽量在不同的温度实验组之间产生明显的现象差异。

质构仪的各项参数也需要根据仪器和实验的实际情况进行调整。

超高温瞬时灭菌乳(UHT灭菌乳) 热稳定性研究

一、实验目的

1.掌握UHT灭菌的原理,工艺流程及操作要点。

2.了解UHT灭菌对牛乳品质的影响。

二、实验原理

超高温瞬时灭菌乳(UHT灭菌乳)是用135~150℃的高温,把原料乳消毒4~6 s,将牛乳中的有害细菌和微生物全部杀死,然后在无菌条件下包装,达到商业无菌,保质期一般在6~9个月。

加热处理使牛乳中大部分微生物被破坏称杀菌,全部微生物被破坏称灭菌。理论上来说热处理的强度越大,杀灭微生物的效果越好。但是热处理的强度太高会对牛乳的味道和营养价值产生不好的影响。故牛乳在灭菌时需要从灭菌的效果与产品质量这两方面进行考虑,才能达到最佳效果。

超高温瞬时灭菌(UHT)方法分间接式和直接式加热两种。间接式加热采用高温蒸汽喷射牛乳,首先将鲜牛乳预热至75~85℃保持4~6 min,而后于135~150℃高温灭菌2~5 s;直接式加热是将鲜牛乳在高压下喷射于蒸气中,140℃高温灭菌数秒。UHT灭菌法在有效杀灭微生物的前提下,最大限度地保留了牛奶的风味和营养,但因为加热的时间和温度组合不同,可能会导致牛乳出现褐变、维生素破坏、蛋白质变性等问题,使得市售的UHT灭菌乳在货架期出现分层、凝块和沉底等感官质量问题。在实际生产中牛乳因热处理产生的变化主要表现在三个方面:蛋白质变性、美拉德反应和乳糖异构化。目前常选用碱性磷酸酶、糠氨酸、乳果糖、维生素 B_1、维生素 B_6 等热敏感成分作为评价指标。本实验通过应用不同的加热温度和时间,研究几种常用热敏感成分的变化,以了解UHT灭菌乳的热稳定性。

三、实验材料与设备

1. 实验材料
新鲜牛乳。

2. 实验设备
电炉、均质机、灌装机、冰箱、UHT灭菌设备等。

四、实验内容

1. 超高温瞬时灭菌
（1）原料的选择和预处理

对原料乳进行验收时要对嗅觉、味觉、外观、尘埃、温度、酸度、酒精、密度、脂肪、蛋白质、全乳固体、细菌数等进行严格检验。

（2）工艺流程

原料乳的验收→标准化、净化→预热、巴氏消毒→均质→UHT→冷却→灌装→检验。

（3）超高温瞬时灭菌的操作要点

①原料乳的标准化

原料乳中的脂肪、蛋白质和非脂乳固体含量随乳牛的品种、地区、季节等因素不同有很大的差异，故需要对原料乳进行标准化，调整其含有的乳脂肪、蛋白质和非脂乳固体的比例，符合成品的要求。

②原料乳的净化

为去除乳中的杂质并减少微生物的数量，可采用过滤净化或离心净化等。

③预热杀菌

为了初步杀死原料乳中大部分的细菌和致病菌，使UHT灭菌更彻底，并抑制酶的活性，以免成品中出现酶促褐变等不良现象，原料乳在均质前用巴氏消毒法进行预热杀菌，采用杀菌温度为80 ℃，时间为15 min。

④均质

对脂肪球进行机械处理，使脂肪球均匀一致分散在乳中。均质温度采取55~80 ℃，均质压力2.0~2.5 MPa效果为好。

⑤超高温瞬时（UHT）灭菌

物料加热温度为135~150 ℃，时间为30 s。

2. 不同热处理条件对牛乳中热敏感指标的影响
将未经热处理的鲜牛乳与经80 ℃加热15 min、135 ℃加热2 s、135 ℃加热4 s、140 ℃加热

4 s、150 ℃加热 2 s、150 ℃加热 4 s,不同热处理后的牛乳样品,比较它们的糠氨酸的含量、乳果糖的含量、维生素 B_1 的含量和维生素 B_6 的含量。

(1)糠氨酸含量的测定

参照中华人民共和国农业行业标准 NY/T 939—2016《巴氏杀菌乳和 UHT 灭菌乳中复原乳的鉴定》。

(2)乳果糖含量的测定

参照中华人民共和国农业行业标准 NY/T 939—2016《巴氏杀菌乳和 UHT 灭菌乳中复原乳的鉴定》。

(3)维生素 B_1 的测定

参照 GB 5009.84—2016《食品安全国家标准 食品中维生素 B_1 的测定》标准。

(4)维生素 B_6 的测定

参照 GB 5009.154—2016《食品安全国家标准 食品中维生素 B_6 的测定》标准。

五、实验结果

未经热处理的鲜牛乳与不同热处理后牛乳中糠氨酸的含量、乳果糖的含量、维生素 B_1 的含量和维生素 B_6 的含量分别是多少?

六、思考题

鲜牛乳的加热时间越长、加热温度越高,几个常见的热敏感成分含量会如何变化? 可能会对牛乳成品的品质产生什么影响?

七、参考文献

[1] 郭成宇.乳与乳制品工程技术[M].北京:中国轻工业出版社,2016.

[2] 孙琦.牛乳热加工特性及其盐类平衡的研究[D].北京:中国农业科学院,2012.

実验十三

牦牛肉发酵过程中pH及微生物的变化研究

一、实验目的

1.熟悉发酵牦牛肉制备工艺,掌握本实验所用仪器设备的操作方法。

2.测定牦牛肉发酵过程中pH和微生物的变化,明确牦牛肉发酵过程中pH变化以及微生物的消长规律。

二、实验原理

发酵牦牛肉是指在人工控制条件下利用微生物的发酵作用,加工出的具有特殊风味、色泽、质地和营养,并且具有较长保质期的高档牦牛肉制品。通过微生物的发酵作用,牦牛肉中的蛋白质被分解成氨基酸,不仅提高了其可消化性,而且可以改善肉制品的风味。发酵牦牛肉生产过程中有益微生物可产生乳酸、菌素等代谢产物,从而降低肉品pH,此外,肉发酵的过程中的优势有益微生物,可对致病菌和腐败菌起到竞争抑制作用,从而保证产品安全性,延长产品货架寿命。

三、实验材料和设备

1. 实验材料

(1)原料肉和预处理

牦牛后躯肉,经冷却排酸处理后于$-18\ ℃$冷冻贮藏备用。

(2)试验试剂

发酵剂菌株:戊糖片球菌、植物乳杆菌干粉发酵剂。

腌制剂:葡萄糖、黑胡椒、味精、豆蔻、食盐等。

菌株活化试剂:蛋白胨、酵母膏、牛肉膏、吐温80、$K_2HPO_4·3H_2O$、三水醋酸钠、柠檬酸等。

培养基:乳糖胆盐培养基、普通营养琼脂培养基、伊红美蓝培养基和MRS培养基。

2. 仪器与设备

超净工作台、台式恒温振荡器、电子天平、万用电炉、无菌发酵室、pH计、蒸汽灭菌锅等。

四、实验内容

1. 原料的选择和预处理

将冷冻的原料肉置于4 ℃下缓慢解冻,除去表面筋膜及附属脂肪,修型。

2. 参考配方

1 kg牦牛分别加入8 g葡萄糖、1 g豆蔻、2 g黑胡椒粉、1 g味精、13 g食盐等辅料。

3. 工艺流程

原料肉解冻→修整→清洗、切块→腌制→紫外杀菌40 min→接种发酵剂→发酵。

4. 操作要点

(1)解冻

将−18 ℃条件下冷冻的牦牛肉取出,放入4 ℃冰箱中进行解冻,解冻至中心温度为4 ℃,测定pH。

(2)修整、清洗、切片

解冻后对牦牛肉进行修整,剔除筋膜和脂肪后洗去血污,然后切成5 cm×3 cm×3 cm、形状规整、厚薄均匀的肉块。

(3)腌制

将葡萄糖、豆蔻、黑胡椒粉、味精和食盐等配料与纯净水均匀搅拌混合。将牦牛肉块置于腌制缸中,将腌制剂按比例倒入腌制缸中,在4 ℃下腌制24 h。

(4)紫外杀菌

腌制完成后的肉条沥干水分,分组并称质量,置于超净工作台紫外线照射40 min。

(5)菌株活化

将植物乳杆菌和戊糖片球菌菌种从−80 ℃冰箱中取出,加入MRS培养基中,于30 ℃培养箱中恒温培养24 h,重复前述操作2次,当培养基呈明显混浊时,活化完成,保存于4 ℃冰箱中。应用MRS培养基对活化好的菌种进行平板活菌计数。

(6)复合发酵剂

将活化后的戊糖片球菌与植物乳杆菌按1∶1的配比,在MRS培养基培养至10^8 CFU/mL以上,按肉重的1%添加。

(7)发酵

在腌制好的牦牛肉块表面涂抹一层发酵剂,使接种量为10^8 CFU/g,在15 ± 2 ℃,相对湿度为80%的条件下进行发酵。发酵30 d后,即得成品发酵肉。

五、结果分析

1. pH

pH测定参考GB 5009.237—2016《食品安全国家标准 食品pH的测定》。

2. 菌落总数

菌落总数的测定参考GB 4789.2—2016《食品安全国家标准 食品微生物学检验 菌落总数测定》。

3. 大肠菌群

大肠菌群测定参考GB 4789.3—2016《食品安全国家标准 食品微生物学检验 大肠菌群计数》。

4. 乳酸菌总数

乳酸菌总数的检测按照GB 4789.35—2016《食品安全国家标准 食品微生物学检验 乳酸菌检验》进行测定。

六、思考题

1. 如何实现发酵剂冻干粉的活化?
2. 亚硝酸钠和三聚磷酸钠在腌制过程中的作用?
3. 牦牛肉的发酵对其品质有何影响?
4. 分析牦牛肉发酵过程中pH的变化规律,并解释其原因。

七、参考文献

[1] 周玉春,张丽,孙宝忠,等.牦牛肉在发酵过程中pH值及微生物的变化[J].食品与发酵工业,2014,40(08):246-251.

[2] 张丽,孙宝忠,魏晋梅,等.牦牛肉发酵过程中的品质变化分析[J].肉类研究,2014(5):20-24.

[3] 钱聪.不同部位牦牛肉发酵过程中的品质变化及成品质量的评价[D].兰州:甘肃农业大学,2014.

[4] 华人民共和国国家卫生和计划生育委员会.食品安全国家标准 食品pH值的测定:GB 5009.237—2016 [S].北京:中国标准出版社,2016.

[5] 中华人民共和国国家食品药品监督管理总局,国家卫生和计划生育委员会.食品安全国家标准 食品微生物学检验 菌落总数测定:GB 4789.2—2016 [S].北京:中国标准出版社,2016.

［6］中华人民共和国国家卫生和计划生育委员会,国家食品药品监督管理总局.食品安全国家标准 食品微生物学检验 大肠菌群计数:GB 4789.3—2016［S].北京:中国标准出版社,2016.

［7］中华人民共和国国家卫生和计划生育委员会,国家食品药品监督管理总局.食品安全国家标准 食品微生物学检验 乳酸菌检验:GB 4789.35—2016［S].北京:中国标准出版社,2016.

［8］陈一萌,唐善虎,李思宁,等.植物乳杆菌和戊糖片球菌复合发酵牦牛肉工艺优化[J].肉类研究,2019,33(11):24-29.

实验十四

不同发酵时期葡萄酒微生物菌的检测

一、实验目的

1.研究红酒各个发酵阶段中的微生物类型及数量变化。

2.研究葡萄酒酿造过程中酸度、糖度、酒精度的变化过程。

二、实验原理

葡萄酒是由新鲜的葡萄经发酵酿成的一种低度酒精饮料。葡萄酒发酵可以采用自然发酵,也可以采用纯种发酵。发酵的温度为21~32 ℃,发酵时间3~5 d,良种酵母产乙醇量可达14%~18%。发酵后将酒汁从发酵残渣中压出,在储存和陈化过程中酒会变得澄清并形成特有的风味。

葡萄酒在发酵过程中,葡萄汁必须含17%的糖,才能生成10%的酒,只有10%以上的酒才能保持长久,糖分不足就须添加糖。如葡萄汁酸度不足,会滋生各种有害细菌并影响酵母菌生长,细菌和酵母会导致佐餐葡萄酒的变质腐败,有效假丝酵母是其中最重要的一种,这些菌在酒液表面生长形成一层菌膜,造成酒的浑浊。导致葡萄酒变质的细菌主要是一些醋酸杆菌属菌,它们氧化乙醇产生乙酸(产醋)。因此,酸度不足就须调酸,可加入酒石酸、柠檬酸。在酸度为pH=3.5左右时,酵母菌生长良好,抑制有害细菌生长,使发酵顺利进行,葡萄酒得到鲜明的颜色。

三、实验材料与设备

1. 实验材料

市售新鲜紫葡萄、专用酿酒酵母、白砂糖、蛋白胨、葡萄糖、磷酸二氢钾、琼脂、硫酸镁、孟加拉红等。

2. 实验设备

天平、糖度计、水浴锅、榨汁机、恒温培养箱或控温发酵罐、冰箱、离心机、温度计、pH计等。

四、实验内容

1. 原料的选择和预处理

选择成熟度好的新鲜紫葡萄,剔除霉烂果以及杂物叶片等,用剪刀从蒂处剪下洗净,于通风干净处沥干,待用。

2. 工艺流程

葡萄→分选、清洗→破碎、压榨→葡萄汁(通入 SO_2)→调整糖、酸度→酵母发酵→后发酵。

3. 操作要点

(1)葡萄的分选和压榨

用消毒过的手将葡萄除梗并捏碎,压榨,去掉皮渣,取汁备用。测定葡萄汁的糖度和酸度。

(2)相关数据的测定

①酵母菌的检测 配制孟加拉红培养基,灭菌后倒入灭菌后的培养皿待用。取葡萄液 10 mL 与 90 mL 的无菌水充分振摇混匀,进行 10 倍数的梯度稀释,制成 10^{-3}、10^{-4}、10^{-5}、10^{-6} 等不同稀释度的葡萄酒溶液。取 0.1 mL 不同稀释度(因为在不同的发酵阶段,待测酒液中酵母菌的含量不同)的稀释液涂布于培养基上,每一稀释度做 3 个平行实验,倒置培养于 25~28 ℃培养箱中 2~3 d,进行菌落计数,并挑取有代表性的单菌落转接至 PDA 斜面培养基上培养保存,同时将细胞涂片染色进行显微镜镜检,若不纯,则进行 PDA 平板划线分离,直至获得纯培养。将上述分离得到的酵母菌斜面菌种,通过对其菌落特征及个体形态的分析,根据《真菌鉴定手册》做出初步的鉴定,进一步的确切鉴定应以有关的生理生化鉴定为主。

②细菌的检测 配制细菌培养基,灭菌后倒入灭菌后的培养皿待用。测定方法同上。

③霉菌的检测 配制细菌培养基,灭菌后倒入灭菌后的培养皿待用。测定方法同上。取 0 d,2 d,5 d,9 d,12 d,16 d,19 d 的发酵液进行酵母菌、细菌和霉菌的总类、菌落数量的测定。

(3)通入 SO_2 榨汁后,得到的葡萄汁可发酵酿制葡萄酒。发酵是一种化学过程,透过酵母而起作用。经过酵母菌的发酵作用,葡萄中所含的糖分会逐渐转成酒精和二氧化碳。在此过程中,糖分越来越少,而酒精度则越来越高。通过缓慢的发酵过程,可酿出口味芳

本实验严格实行无菌操作,所有的器具及操作者的手都要进行彻底清洗及消毒,并在无菌室内实验。

原料必须选择新鲜无污染无霉烂的葡萄。

香细致的葡萄酒。要想保持葡萄酒的果味和鲜度,就必须在发酵过程开始时就立刻通入SO_2处理,添加量一般为60~80 mg/L。通入SO_2后于15 ℃条件下静置澄清2~4 h。

(4)调酸调糖

对分离出的澄清液进行调酸调糖。一般对于糖度低于204 g/L的葡萄汁需要用白砂糖调糖,以保证终产品酒精含量达到葡萄糖标准。调酸:酸含量一般为每升8.0~8.5,用酒石酸或柠檬酸调节。

(5)发酵

将专用酿酒酵母按15%的接种量添加到葡萄汁中,置于控温发酵罐(18 ℃~20 ℃)中或使用发酵瓶置于恒温培养箱中发酵。发酵中每天需测量发酵液的糖度变化。

(6)后发酵

待葡萄酒继续经过一周时间的发酵,酒液中的糖分及酒精度基本保持恒定,酒度已达10%以上,已具有了防腐的能力,保留适量酒液后进行虹吸倒酒至另一洁净酒瓶中,进入陈酿阶段。取预留酒液测定其糖度、酒精度、酸度。

4. 卫生标准

符合GB/T 15037—2006《葡萄酒》标准。

五、思考题

葡萄酒发酵过程中微生物的种类和数量发生了哪些变化?对成品酒的质量有何影响?

六、参考文献

李华.葡萄酒工艺学[M].北京:科学出版社,2007:165-179.

实验十五

国内外黄豆酱理化及风味特性分析

一、实验目的

1.掌握黄豆酱的氨基酸态氮、总酸、食盐和可溶性无盐固形物等理化指标的分析方法。

2.掌握利用气相色谱—质谱法(Gas Chromatography-mass Spectrometry,GC-MS)分析大酱风味物质的方法。

二、实验原理

黄豆酱(又称大酱、黄酱)是一种是以大豆为主要原料,经微生物如霉菌、酵母菌或乳酸菌发酵而成的半固体黏稠状的传统发酵食品。由于具有独特的色、香、味和丰富的营养价值,使之成为亚洲各国乃至欧美人民饮食生活中不可或缺的调味品。黄豆酱的理化指标和风味物质的含量对大酱的品质具有重要意义。本实验通过对氨基酸态氮、总酸、食盐、可溶性无盐固形物和挥发性风味物质等理化指标进行了检测分析,评价不同产地的大酱的品质。

三、实验材料

1.实验材料

产自不同国家的市售黄豆酱、氢氧化钠、甲醛、铬酸钾、硝酸银。

2.实验设备

天平、称量瓶、烧杯、锥形瓶、容量瓶、滴定管、移液管、酸度计、磁力搅拌器、恒温水浴锅、恒温干燥箱、HP-5MS型色谱柱、固相微萃取手柄、DVB/CAR/PDMS萃取头、气相色谱质谱联用仪。

四、实验内容

1.氨基酸态氮

称取5 g样品迅速研磨均匀,加50 mL水充分搅拌,移入100 mL容量瓶中定容。吸取10.0 mL样品加入60 mL水,用0.05 mol/L的NaOH标准滴定溶液滴定至pH=8.20。加入10 mL

甲醛溶液,混匀。开启磁力搅拌器,然后用 0.05 mol/L NaOH 标准滴定溶液滴定至滴定终点 pH=9.20。记录样品消耗的 NaOH 溶液体积(V_1),进行三次平行试验,同时做空白试验(V_2)。

结果计算:

$$X = \frac{(V_1 - V_2) \times c \times 0.014 \times 100}{(5/100) \times 20}$$

式中:X——样品中氨基酸态氮含量(以氮计),单位为 g/100 mL;

V_1——测定样品时消耗 NaOH 标准滴定溶液的体积,单位为 mL;

V_2——测定空白样时消耗 NaOH 标准滴定溶液的体积,单位为 mL;

c——NaOH 标准滴定溶液的浓度,单位为 mol/L;

0.014——1.00 mL NaOH 标准滴定溶液(c_{NaOH}=1.000 mol/L)相当于氮的质量,单位(g);

5/100——样品稀释倍数;

20——样品稀释液取用量,单位为 mL。

2. 总酸

称取 5 g 样品迅速研磨均匀,加 50 mL 水充分搅拌,移入 100 mL 容量瓶中定容。吸取 10.0 mL 样品加入 70 mL 水,用 0.05 mol/L 的 NaOH 标准滴定溶液滴定至 pH=8.20。记录样品消耗的 NaOH 溶液体积(V_1),进行三次平行试验,同时做空白试验(V_2)。

结果计算:

$$X = \frac{(V_1 - V_2) \times c \times 0.090 \times 100}{(5/100) \times 20}$$

式中:X——样品中总酸含量(以乳酸计),单位为 g/100mL;

V_1——测定样品时消耗 NaOH 标准滴定溶液的体积,单位为 mL;

V_2——测定空白样时消耗 NaOH 标准滴定溶液的体积,单位为 mL;

c——NaOH 标准滴定溶液的浓度,单位为 mol/L;

0.09——1.00mL NaOH 标准滴定溶液(c_{NaOH}=1.000 mol/L)相当于乳酸的质量,单位为克(g);

5/100——样品稀释倍数;

20——样品稀释液取用量,单位为 mL。

3. 食盐

称取 5 g 样品迅速研磨均匀,加 50 mL 水充分搅拌,移入 100 mL 容量瓶中定容。吸取 5.0 mL 样品用 100 mL 容量瓶稀释。将 2.0 mL 稀释液移入 200 mL 锥形瓶中,加入 100 mL 蒸馏水和 1 mL 的 50 g/L 铬酸钾溶液,混匀后用 0.100 mol/L 的 $AgNO_3$ 标准滴定溶液滴定至橘红色,记录样品消耗的 $AgNO_3$ 溶液体积(V_1),进行三次平行试验,同时做空白试验(V_2)。

结果计算：

$$X = \frac{(V_1 - V_2) \times c \times 0.0585 \times 100}{(5/100) \times 2}$$

式中：X——样品中食盐含量，单位为 g/100 mL；

　　　V_1——测定样品时消耗 $AgNO_3$ 标准滴定溶液的体积，单位为 mL；

　　　V_2——测定空白样时消耗 $AgNO_3$ 标准滴定溶液的体积，单位为 mL；

　　　c——$AgNO_3$ 标准滴定溶液的浓度，单位为 mol/L

　　　0.0585——1.00 mL $AgNO_3$ 标准滴定溶液（c_{AgNO_3}=1.000 mol/L）相当于氯化钠的质量，单位为克（g）；

　　　5/100——样品稀释倍数；

　　　2——样品稀释液取用量，单位为 mL。

4. 可溶性无盐固形物

称取 5 g 样品置于烘至恒重的称量瓶（m_2）中，移入 103±2 ℃电热恒温干燥箱中，将称量瓶瓶盖斜置于瓶边，4 h 后将瓶盖盖好取出，移入干燥箱内，冷却至室温，称量。放入烘箱继续烘 30 min，冷却，称量（m_1），直至两次称量差不超过 1 mg。

结果计算：

$$X = \frac{(m_1 - m_2) \times 100}{(10/100) \times 5 - X_1}$$

式中：X——样品中可溶性无盐固形物含量，单位为 g/100 mL；

　　　m_1——恒重后称量瓶中样品和称量瓶的质量，单位为 g；

　　　m_2——称量瓶的质量，单位为 g；

　　　X_1——样品中氯化钠的含量，单位为 g/100 mL

5. 挥发性风味物质

（1）样品处理

取 4 g 样品放入 15 mL 的样品瓶中，60 ℃平衡 10 min 后，用 DVB/CAR/PDMS 萃取头顶空吸附 40 min，在气相色谱进样口中 250 ℃解析 5 min，进行 GC-MS 分析。

萃取头初次使用时须在进样口于 250 ℃老化至无杂峰，以后使用时只需置于进样口解析 5 min。

（2）GC-MS 条件

气相色谱（GC）条件：HP-5MS 型色谱柱（30 m×250 μm×0.25 μm），升温程序为起始温度 40 ℃，保持 2 min，然后以 5 ℃/min 的速度升到

200 ℃，再以 15 ℃/min 的速度升到 280 ℃，保持 2 min；进样口温度 250 ℃，不分流，载气为 He，载气流速为 1.0 mL/min。

质谱（MS）检测条件：电离方式为电子电离（Electron Ionization，EI）源，电子能量 70 eV，离子源温度 230 ℃，四极杆 150 ℃，传输线温度 230 ℃，全扫描模式，扫描质量范围为 25~500 amu，无溶剂延迟。

五、思考题

分析 GC-MS 法采用面积归一化定量分析的优点和局限性。

六、参考文献

[1] 中华人民共和国国家质量监督检验检疫总局，国家标准化管理委员会.黄豆酱:GB/T 24399—2009[S].北京:中国标准出版社,2009.

[2] 朱楠楠.市售黄豆酱理化特性分析和模式识别研究[D].长春:吉林农业大学,2015.

[3] 孙洁雯,李燕敏,刘玉平.固相微萃取结合气-质分析东北大酱的挥发性成分[J].中国酿造,2015,34(08):139-142.

实验十六

泡菜发酵过程中亚硝酸盐降解菌的降解特性分析

一、实验目的

1. 了解泡菜的加工技术。

2. 掌握泡菜在发酵过程中产生的亚硝酸盐含量的变化规律为生产优质安全泡菜提供优良发酵剂。

二、实验原理

泡菜是以新鲜蔬菜为原料,在乳酸菌和酵母菌等菌群的作用下通过厌氧发酵而制成的一种发酵食品,具有独特的风味,营养丰富,深受人们的喜爱。传统泡菜自然发酵工艺是借助自然附着在蔬菜表面的微生物进行发酵。因为蔬菜表面所附着的微生物种类比较复杂,在不同种类蔬菜和批次表面存在较大的差异,所以传统的自然发酵工艺的发酵周期较长,质量不稳定,且受原料、泡制条件等因素的影响,泡菜在腌制过程中不可避免地会产生亚硝酸盐,过量的亚硝酸盐能够与胃内食物中的仲胺类物质相互作用,转化为亚硝胺,亚硝胺具有强烈的致癌作用,因此有必要控制泡菜中的亚硝酸盐含量,以免发生中毒。

本实验利用已筛选出的1株降解亚硝酸盐菌株,通过在泡菜发酵过程中是否添加该菌株,来研究其对亚硝酸盐的降解作用。

二、实验材料与设备

1. 实验材料

白萝卜、胡萝卜、嫩姜、莴笋、黄瓜等(组织致密、质地脆嫩、浸泡后不易软化的蔬菜均可),食盐、姜片、花椒、白砂糖、八角、茴香、白酒等。

2. 实验设备

泡菜坛子、菜刀、案板、包裹香料的纱布袋等。

三、实验内容

1. 原料的选择和预处理

将新鲜的蔬菜(无虫咬、无烂痕)整理、洗涤、晾晒、切分成条状或片状待用。

2. 工艺流程

蔬菜原料→整理、清洗、切分→晾晒→配制盐水→入坛泡制→发酵→泡菜成品。

3. 操作要点

(1)泡菜的腌制

本实验分为2组:一号坛在菜料入坛时,添加亚硝酸盐降解菌;二号坛在菜料入坛时,不添加亚硝酸盐降解菌。2组泡菜的泡制方法一样,具体操作如下。

①盐水的配制　腌制泡菜的盐水含盐量为6%~8%,将各种磨成细粉的香料放入纱布包,浸入盐水中。

②入坛泡制　预处理的新鲜蔬菜装至半坛时放入蒜瓣、生姜等佐料,并继续装至八成满。然后倒入配制好的盐水,使盐水浸没全部菜料,最后盖上泡菜坛盖子,并用水封闭坛口以保证坛内为无氧环境。密封发酵,发酵时间受到外界温度影响。

③发酵　菜料入坛1~2 d后,由于食盐渗透作用,蔬菜体积下降,盐水下落,可适当添加蔬菜和盐水,保持其液面高度在坛口下3~5 cm处。

④泡菜成品　泡菜的成熟期跟所泡的蔬菜种类和外界的气温有关。一般夏季需5~7 d,冬季需12~16 d;叶菜比根茎类蔬菜所需时间更短。

(2)亚硝酸盐含量的测定

亚硝酸盐测试条是测定亚硝酸盐含量的常用方法,其原理为:亚硝酸盐与对氨基苯磺酸发生重氮反应后,与 N-1-萘基乙二胺盐酸盐结合形成玫瑰红色染料。将显色反应后的样品与标准显色板进行目测比较,可以大致估算出泡菜中亚硝酸盐的含量。具体使用方法按照测试条说明书所述。

泡菜坛本身质地好坏对泡菜与泡菜盐水有直接影响,应选用火候好、无裂纹、无砂眼、坛沿深、盖子吻合的泡菜坛。也可使用玻璃制作的泡菜坛。

五、测定结果

分别在泡菜入坛后的第1 d、第2 d、第4 d、第6 d、第8 d、第10 d和第12 d分别对室温的两坛泡菜做亚硝酸含量的检测,并记录数据。

六、思考题

1.用水封闭坛口起什么作用? 不封闭有什么后果?

2.泡菜腌制过程中,要注意哪些事项?

3.一号坛和二号坛中亚硝酸含量有何不同? 实验结果表明什么?

七、参考文献

[1] 吴永宁.现代食品安全科学[M].北京:化学工业出版社,2003,248-259.

[2] 郭志华,张兴桃,段腾飞,等.泡菜中降解亚硝酸盐乳酸菌的筛选及生物学特性研究[J]. 食品与发酵工业,2019,45(17):66-72.

实验十七

感应电场辅助南瓜多糖的提取

一、实验目的

1.掌握南瓜多糖的提取方法。

2.了解感应电场对提取南瓜多糖的影响。

二、实验原理

采用闭合铁氧体作为磁路,以玻璃管作为次级线圈载体,通过电能—磁能—电能转换,在初级线圈上施加激励电压,就会在闭合铁氧体内产生磁场,进一步在次级线圈中的样品内产生感应电场,从而实现对南瓜溶液的预处理。

三、实验材料与设备

1.实验材料

新鲜成熟的南瓜、纤维素酶。

2.实验试剂

95%乙醇、正丁醇、丙酮、30%过氧化氢、无水乙醚(试剂均为分析级)。

3.实验装置

感应电场反应装置:磁路为取向硅钢27QG120,单相O型结构,铁芯柱直径220 mm,铁芯高度685 mm,铁芯宽度580 mm,铁芯窗高335 mm,铁芯窗宽160 mm,样品管道内径4 mm,功率10 kW。

4.实验设备

真空干燥箱、恒温水浴磁力搅拌器、冰箱、低速台式离心机,紫外分光光度计。

四、实验内容

1.工艺流程

称取新鲜成熟的南瓜→切块、榨汁、过滤→纤维素酶促水解→酶灭活→离心→浓缩→乙醇沉淀→离心→分别用丙酮、无水乙醚、无水乙醇洗涤沉淀→真空干燥→南瓜粗多糖→蒸馏水溶解→过氧化氢脱色→Sevag法脱蛋白→乙醇沉析→离心→真空干燥→南瓜精多糖。

2. 操作要点

(1)称取新鲜成熟的南瓜,切片、榨汁之后得到南瓜溶液,于一定温度下以200 mL/min的流量泵入感应电场反应装置,期间施加不同频率的励磁电压,收集处理后的样品进行多糖的提取。以未经感应电场处理的南瓜溶液作为对照组。

(2)调节南瓜溶液的pH=5,于磁力搅拌器中50 ℃水浴加热10 min,加入纤维素酶(0.5%),反应2 h后,在冰水混合物中低温灭酶,离心沉淀,取上层清液,减压蒸馏浓缩,浓缩液以多糖液与95%乙醇1:4沉析,于冰箱中放置过夜,离心,沉淀物分别用丙酮、无水乙醚、无水乙醇洗涤,真空干燥得南瓜粗多糖。

预先配制 pH 缓冲溶液用于调节pH。

(3)用少量蒸馏水溶解粗多糖样品,按多糖:水溶液(体积比1:3)的比例加入Sevag试剂,振荡20 min,以4000 r/min转速离心20 min,去除多糖溶液层与有机溶液层交界处的变性蛋白质。加入H_2O_2(多糖液:H_2O_2=4:1),于40 ℃磁力搅拌2 h以脱色。最后用95%的乙醇沉析,离心,然后经真空干燥得南瓜精多糖。

重复操作10次左右,直至中间无混浊沉淀为止。

(4)以提取的南瓜多糖为分析样品进行紫外扫描。配制0.5 mg/L南瓜多糖样品,在200~400 nm紫外光谱扫描,检测是否有蛋白质(290 nm)和核酸(260 nm)的特征吸收峰。最后计算南瓜多糖得率及多糖的含量。

五、思考题

感应电场对南瓜多糖的提取有什么影响?

六、参考文献

[1] 陈玉玲,张宜英,王碧.南瓜多糖的提取及纯化[J].内江师范学院学报,2010,25(02):38-41.

[2] 孟嫚,张延杰,杨哪,等.磁感应电场提取松茸多糖工艺优化[J].食品工业科技,2019,40(01):143-148.

[3] 张梦月.苹果汁在感应电场处理下的理化品质变化研究[D].无锡:江南大学,2018.